苹果蠹蛾和梨小食心虫信息素及其应用

Sex Pheromone of *Cydia pomonella* and *Grapholitha molesta* and Its Applications

姚永生　熊仁次　任洁　编著

中国农业大学出版社

·北京·

内 容 简 介

本书作者结合苹果蠹蛾和梨小食心虫信息素的国内外研究与应用概况,总结了昆虫信息素研究与利用的一些研究进展。本书第1、2、3、6章介绍了昆虫信息的研究与应用以及发展趋势、苹果蠹蛾和梨小食心虫性信息素的相关进展;第4、5、7、8章结合国内外研究与生产实例介绍和总结了两种食心虫性信息素引诱技术和性信息素迷向技术的应用要点及注意事项;最后附录提供了苹果蠹蛾和梨小食心虫监测、检疫和防控相关方面的技术规范供读者参考。希望本书可为果树食心虫的绿色防控技术提供借鉴。

本书适合从事果树害虫性信息素研究和应用的大专院校师生以及从事苹果、梨等果树生产的果农参考。

图书在版编目(CIP)数据

苹果蠹蛾和梨小食心虫信息素及其应用/姚永生,熊仁次,任洁编著 . —北京:中国农业大学出版社,2018.8

ISBN 978-7-5655-2067-9

Ⅰ.①苹… Ⅱ.①姚…②熊…③任… Ⅲ.①苹果-木蠹蛾科-病虫害防治②梨小食心虫-病虫害防治 Ⅳ.①S436.611.2 ②S436.612.2

中国版本图书馆 CIP 数据核字(2018)第 166741 号

书 名	苹果蠹蛾和梨小食心虫信息素及其应用
作 者	姚永生 熊仁次 任 洁 编著

策划编辑	赵 中	责任编辑	韩元凤
封面设计	郑 川		
出版发行	中国农业大学出版社		
社 址	北京市海淀区圆明园西路 2 号	邮政编码	100193
电 话	发行部 010-62818525,8625	读者服务部	010-62732336
	编辑部 010-62732617,2618	出 版 部	010-62733440
网 址	http://www.caupress.cn	**E-mail**	cbsszs @ cau.edu.cn
经 销	新华书店		
印 刷	涿州市星河印刷有限公司		
版 次	2018 年 10 月第 1 版 2018 年 10 月第 1 次印刷		
规 格	787×1 092 16 开本 11.5 印张 210 千字		
定 价	58.00 元		

前　言

新疆太阳辐射强,光照时间长,有效积温高,昼夜温差大,降雨量少,空气干燥,特别适宜林果的生长,是我国久负盛名的"瓜果之乡"。截至 2015 年,新疆林果总面积已达 2 200 万亩,总产量 700 万 t,总产值突破 500 亿元。新疆生态环境脆弱,林业作为生态建设的主体,在新疆经济社会发展中具有十分特殊的作用和地位。因此,林果业的发展不仅为新疆各族人民的生存提供了良好的生态环境,同时为新疆农村经济社会的可持续发展提供了新的经济增长点。然而新疆属典型的荒漠绿洲农业,林果集中连片,树种趋同,品种单一,有害生物的蔓延速度和危害程度不断加大。两种蛀果害虫苹果蠹蛾、梨小食心虫以其突出的钻蛀为害和抗逆性给有效治理带来了巨大困难,已成为本区果树生产中一类常发性、极易成灾的有害生物。在新疆林果业有害生物分类防控行动计划中分别被列为极度危险和高度危险的有害生物,成为制约林果业健康发展的严重障碍。

果树食心虫为害严重影响果品的品质和经济价值。苹果蠹蛾和梨小食心虫是世界性蛀果害虫,为害严重影响果品的品质和经济价值。长期以来依赖化学农药进行防治,而该类害虫钻蛀隐蔽为害,抗逆性强,加上蛀果期世代重叠,致使化学农药使用频繁、抗性不断增加而防效低下,治理难度越来越大,探索防治害虫环保安全的绿色防控新技术势在必行。化学信息对昆虫的定向、召唤、交尾、产卵、聚集、追踪、告警、防御以及种间识别等行为均具有重要的作用,在自然界中利用信息素进行相互间的通信是绝大多数昆虫采用的方式。应用昆虫信息素进行防治害虫具有灵敏度高、防治效果好、使用简便、不污染环境、不杀伤天敌、费用低廉等优点,已成为"无公害杀虫剂"的一个重要组成部分。

国内外学者在长期的研究和防治实践中开展了大量工作,如果实套袋、性信息素监测诱捕与迷向防治技术、天敌昆虫与病原微生物的利用、昆虫不育技术的利用以及化学防控等,为有效控制食心虫的发生为害起到了重要作用。有关苹果蠹蛾、梨小食心虫的相关研究文献数量浩如烟海,全面进行论述实难如愿。作者基于昆虫发生的区域性特点,尤其是在考虑苹果蠹蛾、梨小食心虫两种食心虫在新疆同一区域混合发生的背景下,系统介绍了性信息素研究和应用现状,可为其有效治理提供参考。本书不是为了追求全面,也不是为了追求高深,宗旨是结合新疆林果重要

1

食心虫的性信息素研究及应用进展为读者呈现相关领域的一些研究,以期有助于改变依赖化学防治、防治成本居高不下等果树食心虫综合治理中存在的突出问题。

本书共分 8 部分。姚永生完成了本书第 1、2、3、6 和附录部分的编著,塔里木大学熊仁次完成第 4、5 部分的编著,任洁完成了第 7、8 部分的编著。

书中部分内容的研究结果得到国家自然科学基金项目(31460471、31460098、31560512)和国家重点研发计划项目(2016FYC0501407)等的资助,在此表示感谢!

本书完稿之际,作者要感谢本书引用的参考文献的作者,如有遗漏敬请谅解。感谢我的学生丁建朋、崔笑雄、尚娇等在本书资料整理过程中付出的劳动。

由于时间仓促,作者知识水平有限及资料掌握不全,书中错误、疏漏在所难免,恳请专家和读者批评指正。

编　者

2018 年 3 月

目　　录

1 昆虫信息素及其应用

在生态系统中,生物与生物、生物与无机物间都存在着复杂的化学联系。生物群落的组成及其种群间的数量关系已不能完全依靠能流做出解释,不论是定性或定量分析均不能忽视信息流这一重要因素。化学信息对昆虫的定向、召唤、交尾、产卵、聚集、追踪、告警、防御以及种间识别等行为均具有重要的作用。其中昆虫信息素的研究利用尤为突出。昆虫信息素的化学研究始于 1932 年,美国科学家利用从舞毒蛾(*Lymantria dispar*)腹尖提取的性信息素,监测舞毒蛾的分布和发生范围,当初由于受实验条件的限制,一直没有突破性的进展。1956 年美国农业部用人工合成的引诱剂,作为监测地中海果蝇的预警系统,指导适时使用杀虫剂。直到 1959 年,德国化学家 Butenandt 成功地从 50 万头家蚕(*Bombyx mori*)雌蛾腹部末端粗物中分离并鉴定出第一个昆虫性信息素的化学结构,命名为蚕蛾醇(bombykol),并发现空气中存有极微量的家蚕醇,就显示对雄虫的活性,昆虫性信息素的化学结构研究才进入了一个新时代。1979 年美国批准了红铃虫(*Pectinophora gossypiella*)、家蝇(*Musca domestica*)、舞毒蛾(*Lymantria dispar*)和日本丽金龟(*Popillia japonica*)4 种昆虫性信息素用于防治农林业及卫生害虫,拉开了昆虫性信息素用于病虫防治的序幕。到 20 世纪 80 年代,全世界不仅有 150 多种昆虫性信息素被分离鉴定,还发现了 674 种信息素和引诱剂,昆虫信息素化学的研究有了重大的进展,成为当时生物科学的一个热点。人们开始对雌性性信息素腺体释放的完整化学组分进行详尽研究,试图揭开昆虫间化学信息通信的奥秘。到目前为止,已有 9 个目 90 余科 1 600 多种昆虫性信息素得到研究,其中已有 500 多种昆虫性信息素的化学结构得到鉴定,其中 100 余种昆虫性信息素已经商品化。

利用昆虫信息素防治害虫已成为"无公害杀虫剂"的一个重要组成部分,在自然界中利用信息素进行相互间的通信是绝大多数昆虫采用的方式。性信息素是雌性成虫性成熟后,释放到体外作为求偶通信联系的一种化学物质。昆虫信息素与常规化学农药不同,是通过影响或扰乱害虫的正常行为达到防治害虫的微量化学物质,不伤害天敌、不污染环境、不易产生抗性,可产生良好的经济、社会、生态及环境保护效益,应用前景十分宽广。我国已能人工合成 100 多种昆虫性信息素,应用性信息素的诱捕法和迷向法在梨小食心虫等害虫的防治上成效显著。在农林害虫测报和防治中进行了广泛应用和研究,应用技术上取得了新的突破。目前生产上应用的性诱测报大都以诱集雄蛾为测报依据,另外,利用昆虫性信息素进行大量诱杀防治,目前主要在鞘翅目、直翅目、同翅目等害虫中应用较多,鳞翅目昆虫中雄成虫交配次数少的种类也有一定的实用价值;而迷向防治则以干扰成虫交配前的化学通信为主要手段,因此在害虫的防治上具有广阔的发展前景,相信随着绿色农业的发展,昆虫性信息素的应用前景必将更加广阔。并且利用害虫性信息素进行监测和防治农林害虫,符合以生态管理为基础,以生物防治为主导的害虫综合管理的发展方向,实践证明,它将在害虫综合治理中占有越来越重要的地位。

1.1　昆虫信息素的概念及种类

1.1.1　昆虫信息素的概念

信息素是昆虫个体之间相互作用的化学物质,能影响彼此的行为、习性乃至发育和生理活动,是昆虫分泌到体外,能在同种个体间或种间产生生理或行为反应的化学物质,也包括由其他生物(如植物)分泌到体外,使昆虫产生反应的物质。信息素依靠空气、水等传导媒介传给其他个体。昆虫在漫长的进化过程中发展演变了复杂的化学通信机制,许多行为活动受信息化学物质调节和控制。许多昆虫必须依靠它们对气味的感觉才能生存。昆虫信息素是调节和控制昆虫行为的一种重要信息化学物质,其对昆虫的定向、召唤、交尾、产卵、聚集、追踪、告警、防御以及种间识别等行为均具有重要的作用,同时也是对生物群落结构的构建起重要作用的物质流或信息流因素。

随着微量分析技术的改进,信息素的研究不断扩大和深化。如从性信息素扩大到与食性分化、协同进化有关的信息素;从单一性信息素深入多组分性信息素,从而引入信息素的应用阶段。昆虫的信息化学物质具有易挥发、易被氧化和生物降解、毒性很低、不污染环境、生物活性高、专化性强等特点。信息素产品使用技术简单,便于大面积推广,并且与化学农药的兼容性高,可有效降低农药使用量,对害虫的综合治理具有重要意义。

昆虫信息素按所起到的功能,分为作用于同种个体间的种内信息素和异种间的种间信息素两大类。

1.1.2　昆虫信息素的种类

1.1.2.1　种内信息素

(1)性信息素　同种某一性别,在性成熟后,释放微量物质用以招引同种异性个体寻味前来交配的信息素。多数由性成熟雌虫分泌,以吸引雄虫交配。交配后的雌虫极少或不再分泌,多次交配的种类则可多次分泌。分泌性信息素常有时间节律,以致交配也按一定时间节律进行。少数昆虫(如蝶类)由雄虫翅上的发香鳞分泌能吸引雌虫的性信息素。多种鳞翅目昆虫的性信息素为长链不饱和醇、醛或乙酸酯或若干组分的混合物。

(2)聚集信息素 动物依靠分泌物招引同种其他个体前来一起栖息,共同取食,攻击异种对象,从而形成种群聚集,这种分泌物叫作聚集信息素。如小蠹钻蛀树木时排出的粪便和木屑中含有吸引更多小蠹群集为害的信息素,对雌雄虫均有吸引力。沙漠蝗(*Schistocerca gregaria*)蛹粪便中也有聚集信息素,使蝗群密度加大。此类信息素通过气管系统吸入转至血淋巴从而改变代谢,引起虫体黑色素增加,成为群居型。

(3)报警信息素 又称告警信息素,当该种某一个体受到敌害攻击侵扰时,它能发出一种特殊的化学信号物质,使同伴得到信号以后,引起警觉或逃避。常见于蚜虫中,受天敌侵袭的蚜虫从腹管释放法尼烯类化合物,驱使附近蚜虫逃避或落地。蚜虫密度过大、个体间挤碰时也释放此类化合物,起疏散蚜虫的作用,故亦为疏散信息素的一种,其种的特异性不强。

(4)疏散信息素 疏散信息素是昆虫对种群密度进行自我调节的信息物质。除上述蚜虫的例子外,还见于鞘翅目、鳞翅目和双翅目昆虫中。面粉中赤拟谷盗过多时释放三种醌类化合物驱使成虫离去另找食物或产卵地;大菜粉蝶(*Pieris brassicae*)产卵时在卵壳上留有驱使同种雌蝶不在附近产卵的信息素;樱桃实蝇(*Rhagoletis cingulata*)在幼果上产卵时分泌驱使同种实蝇不在同一幼果上产卵的信息素。在鞘翅目和鳞翅目昆虫中已发现当一个种数量过大,高浓度的性信息素可阻止食性相似的其他昆虫侵入其"领地",这类信息素起到了种间疏散信息素的作用。

(5)标记信息素 有些动物生活在一定领域中,或接触过一些物质后常留下一种特殊的标记物质,借以告知同种其他同性个体,排斥它们进入该处以保持其领域不受同类中同性个体的侵犯,使它们不在该处栖息,不交配,不产卵等。雌的苹果实蝇(*Rhagoletis pomonella*)与樱桃实蝇(*Rhagoletis cingulata*)产卵在果实上以后,在果实上遗留下一种高度稳定的、有极性的、水溶性的物质。虽然这种化合物不驱逐其他雌雄蝇,但能抑制其他雌蝇产卵于这一果实上。纯蛱蝶雄蝶产生一种标志信息素,在交配时能传到雌蝶的外生殖器上,这种信息素非常持久。其气味能"驱逐"其他雄蝶再来交配。

(6)示踪信息素 集群性昆虫的行动常常是集群的行动。特别是那些失去翅的集群性昆虫或幼虫期的行动,在它所爬过的路上常常留下信息素,以示其行动的踪迹,使同伴追踪寻迹而来告知它的同伴,"由此前行",当它们发现新的食物源或新巢域时,同伴们寻踪依迹而至。常见于蚂蚁等社会性昆虫。工蚁找到食物源即沿途释放标迹信息素,使同种工蚁得以寻迹觅食。已知蚁类的标迹信息素为甲酸。

1.1.2.2 种间信息素

(1)利己素 利己素是一种由某个体释放并引起它种个体行为反应的化学物质,行为反应有利于释放者。昆虫释放的防御性物质大都属利己素。如蝽类臭腺排出的醛或酮化合物,龙虱臀腺排出的 *p*-羟基-苯甲酸甲酯、*p*-羟基-苯甲醛等化合物,隐翅虫从肛腺排出的氢醌、甲苯氢醌和过氧化氢混合物等。

(2)利他素 利他素是一种由某个体释放并引起它种个体行为反应的化学物质,有利于接受者的信息素。如蚜虫粪便(蜜露)中的信息素为捕食性天敌(瓢虫、草蛉)提供信息,血淋巴中的信息素则为寄生蜂产卵提供信息。植物次生性物质对植食性昆虫也存在同样关系。

(3)互利素 互利素又称协同素,是一种由某个体释放并引起它种个体行为反应的化学物质,反应对释放者和接受者双方都有利。常见于互利共生的种间,如蜜源植物与传粉昆虫,取食木质纤维的昆虫与共生的微生物。蚜虫腹部分泌的蜜露吸引蚂蚁来取食,蚂蚁能保护它们免遭天敌危害并帮助它们迁移寻找食物等。Alborn等(1997)研究表明甜菜夜蛾(*Spodoptera exigua*)唾液中分离出的 N-(17-羟基-亚麻酰基)-1-谷氨酰胺可刺激虫害植株释放招引天敌的挥发性互利素。

1.2 昆虫信息素的作用机理

1.2.1 昆虫信息素结合蛋白及其受体

昆虫的嗅觉神经元位于触角的感器中,这些毛状结构的表皮感器有一个充斥流体的腔,腔内含有 1 到数个神经元的具纤毛树突,神经元的细胞体及其支持细胞位于感器腔的基部。大量研究表明,围绕感觉神经元树突的腔内流体含有高浓度的气味结合蛋白(odorant binding protein,OBP)以及特有的气味降解酶(odorant degrading enzyme,ODE)。根据识别的气味分子不同,气味结合蛋白(OBP)分为两大类:一类是信息素结合蛋白(pheromone binding protein,PBP),另一类是普通气味结合蛋白(general odorant binding protein,GOBP)。一般认为,脂溶性气味分子与水溶性气味结合蛋白作用,气味结合蛋白在亲水性淋巴液中作为脂溶性气味分子的溶剂和载体,对气味分子增溶并促进气味分子向位于具纤毛的神经元树突膜上的受体转移或从受体上向感器淋巴液中转移。昆虫性信息素受体是一类特殊的嗅觉受体(olfactory receptors,Ors),昆虫的性信息素受体一般是由多个受体组成的嗅觉受体群。蛾类昆虫性信息素受体首先从蛾类昆虫家蚕和烟芽夜蛾(*Heliothis virescens*)中鉴定出来。蛾类昆虫性信息素由雌性个体释放到空气中并被同种雄性个体识别,识别性信息素的受体主要地或者特异性地表达在雄性触角中。除了雄性触角外,部分性信息素受体在雌性触角中也有表达,但是表达量明显偏少。

1.2.2　神经生理

昆虫对性信息素的识别过程非常复杂,雌虫释放的性信息素首先通过雄性触角感器上的小孔进入感器中,脂溶性的性信息素通过与性信息素结合蛋白(PBPs)形成聚合物的方式进入蛾类昆虫感器内的血淋巴中,进而到达神经细胞树突膜,和性信息素受体(PRs)结合,刺激嗅觉神经,产生动作电位,将携带的化学信息转变为电信号,之后电信号通过神经突触传入蛾类昆虫脑部触角叶(antennal lobe)中进行整合,经过整合的电信号被传入昆虫大脑并产生相应的行为。蛾类昆虫脑部触角叶由2个平行亚系统组成,一个负责处理寄主植物气味,另一个转化为专门处理种内或相似种之间的信息素。

1.3　鳞翅目昆虫性信息素的化学结构

1.3.1　性信息素的化学结构

昆虫性信息素是由昆虫某一性别个体分泌于体外,能被同种异性个体所接受,并引起异性个体产生一定的行为和生理反应(如觅偶、定向求偶、交配等)的微量化学物质。它能够保证昆虫在种内雌雄个体之间性的联系及种的有序繁衍。虽然已发现的性信息素具有多种多样的化学结构,但大多数性信息素具有共同的特征。①碳链。性信息素分子是由10~18个偶数碳原子组成的直链化合物。②功能基。由伯醇及其乙酸酯或醛构成。③双键。性信息素分子含1~3个碳碳双键,其位置多在5,7,9

或 11 位上。其分子构型多为顺式,但有时也由顺式和反式或反式组成。

韦卫等(2006)分析认为多数昆虫性信息素由 2 种以上组分组成,仅用单一组分作为其性信息素的昆虫很少。鳞翅目雌蛾性信息素主要是 C12,C14,C16 和 C18 等碳链化合物,终端为乙酸酯、醛、醇和烃类化合物,少数为酮类,一般链上带有 1～2 个双键。

从化学结构来看,已被鉴定性信息素的蛾类种类中的 75% 类同于家蚕和二化螟(Chilo suppressalis)。性信息素分子具有末端功能基,其分子结构几乎都是 10～18 个碳链,有 1～2 个双键的直链一级醇或是其乙酰酯或醛的衍生物,被称为类型 1(Type 1)。类型 1 的信息素主要属于 15 总科的 22 个科(包括含有许多重要害虫的卷叶蛾科、螟蛾科及夜蛾科),其性信息素的主要成分如图 1-1(A)所示,性信息素成分因种而异,如家蚕的为反 10,顺 12-十六碳二烯醇(E10,Z12-16:OH),烟草潜叶蛾(Phthorimaea operculella)的为反 4,顺 7-十三碳二烯乙酸酯(E4,Z7-13:OAc)和反 4,顺 7,顺 10-十六碳三烯乙酸酯(E4,Z7,Z10-16:OAc),二化螟的为顺 11-十六碳烯醛(Z11-16:Ald)和顺 13-十八碳烯醛(Z13-18:Ald)。

包括尺蛾科、毒蛾科及灯蛾科在内的其他 3 总科 5 个科蛾类的性信息素为分子末端无功能基的多烯或单烯烃以及具有环氧结构的化合物,被称为类型 2(Type 2)。具有此类化学结构性信息素的种类占已被鉴定性信息素的蛾类种类的 15%。如图 1-1(B)所示,此类性信息素主要为碳链长 17～23 顺式构型的多烯烃或是其氧环化合物。例如瘤尺蠖蛾(Ascotis selenaria)的性信息素为顺 3,顺 6,顺 9-十九碳三烯(Z3,Z6,Z9-19:H)和氧环 3,顺 6,顺 9-十九碳二烯(Z6,Z9,epo3-19:H),桑尺蠖蛾(Hemerophila atrilineata)的为氧环 9,顺 6-十八碳烯(Z6,epo9-18:H)和氧环 9,顺 6,顺 3-十八碳二烯(Z3,Z6,epo9-18:H)(Tan et al.,1996)。此类群的性信息素也表现了多样性,其中毒蛾科昆虫的性信息素具有 2 个氧环以及 11 位有 trans-氧环(Wakamura et al.,2002)。另外,有的蛾类性信息素属于有侧链的化合物。如图 1-1(C)所示,夜蛾科的北美洲飞蛾(Scoliopteryx libatrix)为 Z6,Me13-21:H(Subchev et al.,2001),舞毒蛾(L. dispar)的为 Me2,epo7-18:H,灯蛾(Holomelina aurantiaca)的性信息素为 Me2-17:H。此外,还有比较特殊的性信息素,如二级醇(毛顶蛾科)、不饱和酮(果蛀蛾科)及三键的化合物(舟蛾科)。

1.3.2 结构与活性的关系

1.3.2.1 多元组分

昆虫性信息素的一个主要特征是具有高度种属专一性,其通常利用多组分信

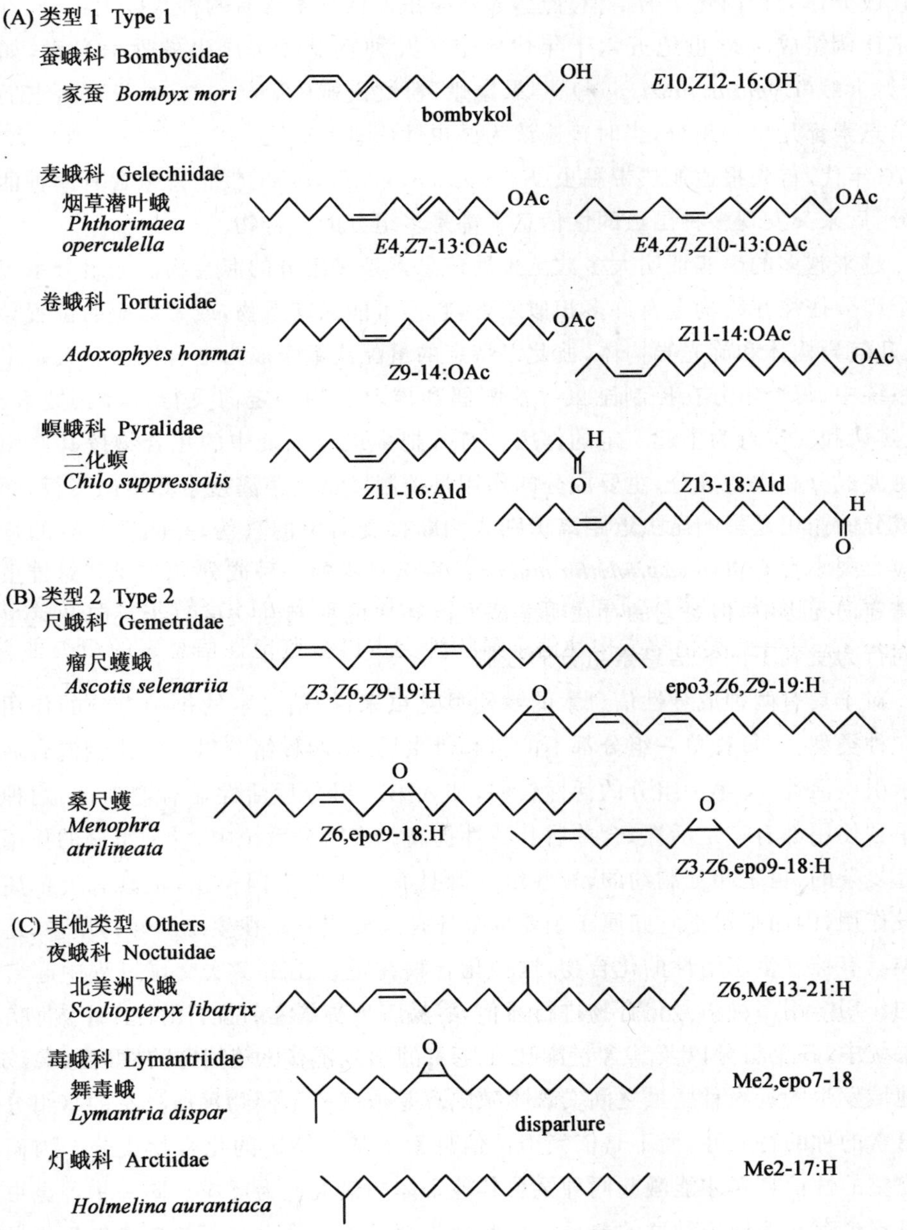
(A) 类型 1 Type 1
蚕蛾科 Bombycidae
家蚕 Bombyx mori
OH
bombykol
E10,Z12-16:OH
麦蛾科 Gelechiidae
烟草潜叶蛾
Phthorimaea operculella
OAc
E4,Z7-13:OAc
OAc
E4,Z7,Z10-13:OAc
卷蛾科 Tortricidae
Adoxophyes honmai
OAc
Z9-14:OAc
Z11-14:OAc
OAc
螟蛾科 Pyralidae
二化螟
Chilo suppressalis
H
O
Z11-16:Ald
Z13-18:Ald
H
O
(B) 类型 2 Type 2
尺蛾科 Gemetridae
瘤尺蠖蛾
Ascotis selenariia
Z3,Z6,Z9-19:H
epo3,Z6,Z9-19:H
O
桑尺蠖
Menophra atrilineata
O
Z6,epo9-18:H
O
Z3,Z6,epo9-18:H
(C) 其他类型 Others
夜蛾科 Noctuidae
北美洲飞蛾
Scoliopteryx libatrix
Z6,Me13-21:H
毒蛾科 Lymantriidae
舞毒蛾
Lymantria dispar
O
disparlure
Me2,epo7-18
灯蛾科 Arctiidae
Holmelina aurantiaca
Me2-17:H

图 1-1　鳞翅目昆虫性信息素的不同类型(卫韦等，2006)

息素成分作为种内化学通信信息道,多数昆虫性信息素含有两种及以上组分,并按一定比例组成。20世纪五六十年代鉴定了几种重要经济昆虫的性信息素,如家蚕、舞毒蛾(*Lymantria dispar*)、苹果蠹蛾、粉纹夜蛾(*Trichoplusia ni*)等,它们的性信息素都是单一组分,当时普遍认为昆虫性信息素就是一个化合物。到了20世纪70年代,首先报道亚热带黏虫(*Spodoptera eridania*)的性信息素含有两种活性组分,后来又发现多种昆虫的性信息素都是多组分的混合物。

越来越多的事实证明大多数昆虫性信息素是多组分的混合物。分组分系统中每个组分往往在结构上有许多相似之处,它们可能属同系物,或者相应的位置异构体、几何异构体和旋光异构体,彼此以特定的量配比组合成为复合性信息素。多组分系统中,每个组分在控制昆虫寻找配偶和攫取食物的定向飞行、着陆、搜索、振翅、辨认和交尾行为中起一定的作用。有人把多组分系统中的化合物按其作用分为主要成分和次要成分,主要成分的作用是控制昆虫远距离搜索和定向飞行,而次要成分的作用是影响昆虫近距离识别或判断接受对象的真伪,并激发特有的行为反应。梨小食心虫(*Grapholitha molesta*)性信息素的一种成分"十二醇"对雄虫远距离定向无影响,但是它的存在明显诱发近距离的振翅和交尾行为。因此昆虫的不同行为受到不同的信息素组分的控制。

对于具有两种成分性信息素的鳞翅目昆虫来说,信息素的每种组分的作用分为3种类型:①每种单一组分都不能引起雄虫反应,两种组分以一定比例混合后才显示引诱活性;②第一组分的活性较弱,加入第二组分后活性显著增强;③两种组分单独使用都有一定活性,合并后其活性提高。多组分系统中,各种组分的作用是错综复杂的,也是相互制约的,有些组分既具有远距离定向作用,也具有近距离的诱发作用,因而很难把它归属为主要成分还是次要成分。在生态活性物质中,还有一类具有抑制生态活性的化合物,这种化合物在阻止昆虫多次交尾过程中起着重要的作用。用多种信号化合物进行通信,容易实现种属专一性,因此多组分性信息素系统中,各个组分以及其含量配比在昆虫的生殖隔离过程中具有重要的意义。共地域发生的近缘种昆虫之间实现生殖隔离是依赖于不同物种所具有的多组分性信息素的种的特异性,而不是依赖于性信息素中某一特定的化合物成分。因而只有完整的性信息素才能激起同种昆虫其他个体的最大行为反应。同一物种昆虫性信息素也存在着地理种群的差异。这些现象都反映出昆虫利用信息素作为化学通信信号的复杂性、性信息素化学结构和活性间的微妙关系以及结构和种间生殖隔离的奥妙。

1.3.2.2 结构的特殊性

昆虫信息素化学结构有着很大的特异性,其活性与结构、比例和浓度等有很强的相关性。如鳞翅目昆虫性信息素的化学结构比较简单,但特异性很强,稍微改变一下化学结构就会造成引诱活性的大幅度降低,甚至完全失去活性。鳞翅目昆虫性信息素中广泛存在几何异构现象,这种几何构型直接影响信息素的活性。欧洲玉米螟(Ostrinia nubilalis)雄蛾对纯的顺-11-十四碳烯乙酸酯的反应很弱,如果在这个化合物中加入少量相应的反式异构体,这种混合物能强烈地引诱雄蛾,而反式异构体单独使用也无活性。梨小食心虫雄蛾能被顺式和反-8-十二碳烯乙酯(含量比为 93∶7)的混合物所引诱,如果反式异构体所占的比例稍高或稍低都影响捕捉雄虫的数量。昆虫信息素组分的微小变化以及它们含量比例的细小改变都能明显地影响他们的生物活性,并且诱发出不同的行为反应。因此在确定昆虫性信息素结构时,测定各个组分的精确含量是非常重要的。

虽然不同昆虫间的性信息素的组分在结构上有较大差异,但一般同属昆虫的性信息素组分结构有较大的相似性,而同属的各种间靠主要组分比例的变化来实现种间隔离。如灰翅夜蛾属昆虫中,除了 $Z11$-十六碳烯醇醋酸酯[$Z11$-16∶OAc]只在(Spodoptera eridania),(S. sunia)和(S. frugiperda)的性腺抽提物中存在以外,其他组分:$Z9$-十四碳烯醇醋酸酯、$Z11$-十四碳烯醇醋酸酯、$Z9$-十四碳烯醇和 $Z9,E12$-十四碳烯醇醋酸酯几乎在所有的已知此属昆虫的性信息素腺体中普遍存在。

同一种昆虫中,性信息素的组分和比例也可能随不同的地理分布而发生一些微小的变异。性信息素的种内变异研究表明,其变异主要表现为性信息素组分的结构、比例及其滴定度等 3 个方面,由此导致异性昆虫产生不同的行为反应,并表现为田间引诱的诱芯最佳配比的不一致。S. P. Foster 等(1987)研究了斜纹卷蛾(Ctenopsenstis obliquana)种群的性信息素差异,发现从不同地点采集的雌蛾所产生的性信息素组分不一致。从克赖斯特彻奇市采集到的雌蛾性腺中产生 $Z5$-14∶Ac 和 14∶Ac 的混合物,而奥克兰市的雌蛾产生 $Z8$-14∶Ac 和 $Z5$-14∶Ac 比例为 80∶20 的混合物。墨西哥卷蛾(Amorbia cuneana)是加利福尼亚油梨和雪松的大害虫,研究表明其性信息素组分为 E,E 和 E,Z-10,12-十四碳二烯醇醋酸酯。Hoffmann 等(1983)在奥林奇等地进行田间诱捕试验发现其最佳组分比例为 1∶1。然而,当那种诱芯用在圣迭戈和圣巴巴拉县时,灯光诱捕器表明有高种群密度,而性信息素诱捕器却只能诱捕到极少,甚至诱捕不到雄蛾。对其性腺进行气相色谱分析发现,圣迭戈和圣巴巴拉县成虫的性腺中,(E,E)∶(E,Z)比例为 1∶9,

分析两地区的大量雌蛾性腺表明,有 3 个种群类型,两个低比例的种群分别仅拥有 37% 和 58% 的 E,Z,而第三个高比例种群拥有 89% 的 E,Z。C. Antony 等(1985)研究结果显示黑腹果蝇($Drosophila\ melanogaster$)表现出明显的表皮烃类的性二型性。研究发现所有的黑腹果蝇雌虫,在上表皮上包括了许多不饱和的长链烃类,并具性诱效果。其主要组分为 7,11-二十七碳二烯,以 Z,Z 构型活性最高、含量最多。许多黑腹果蝇的突变品系,都具有不同数量构型相同的 7,11-二十七碳二烯。此外,雄虫产生两种上表皮性信息素,即 7-二十三烯和 7-二十七烯,刺激雌虫进行交配,但不同品系其含量不同,二烯在 Canton S 品系雄果蝇中完全没有,但是 7-二十七碳烯以 100 ng/雄虫的剂量存在,Oregon K 和 Tai Y 品系的含量则更高,分别为 380 ng 和 560 ng。

1.3.3　信息素类似物

昆虫信息素的研究和开发是生物防治害虫的一个重要方面。然而,昆虫性信息素在生物体内含量极少,一般情况下,一个单虫体的含量仅在 10^{-9} 级,使得直接利用天然信息素于生产实践有较大困难,因而化学合成信息素的研究手段成为信息素研究的一个重要方面。在实践中,通常对合成的大量信息素类似物进行筛选,进而得到对防治有作用的活性物质。

1.3.3.1　改变化学结构获得性能改善

有些信息素的天然结构在自然条件下不稳定,容易氧化分解,因而阻碍了该信息素在农业生产中的应用。如 Schlosser 等(1978)研究了苹果蠹蛾($Cydia\ pomonella$)性信息素的主要成分十二碳烯醇含氟类似物 $E8,Z10$-10-氟-8,10-十二碳二烯-1-醇的生物活性,发现其与天然性信息素的触角电位(EAG)响应值相似,生物活性也与母体相似。此后 Tellier 等(1989)研究发现苹果蠹蛾性信息素组分之一十二碳烯醇的 9,10 位二氟取代物活性与母体相似,但在环境中的稳定性更好。在梨小食心虫($Grapholitha\ molesta$)性信息素主要成分 Z-8-十二碳烯-1-醇-乙酸酯的双键 α 位引入两个氟原子时,发现不仅化合物的挥发性降低,而且活性也大为降低,但值得注意的是,当其与天然性信息素混合使用时,却对天然性信息素有增效作用。许多蚜虫的报警信息素的主要成分是反-β-法尼烯(E-β-farnesene,EBF),由于 EBF 结构中存在多个双键,使其易挥发、易氧化,稳定性差,很难应用于田间蚜虫防治。因此众多科学家对 EBF 进行修饰改造,以期发现稳定性好且有较好报警活性的化合物(张钟宁等,1988;Dawson et al.,2010)。

1.3.3.2 旋光异构体和消旋体

有些昆虫生态活性物质的分子中存在不对称碳原子而具有旋光异构体,旋光结构上的差异或者两种旋光异构体的含量比例不同,都能影响该化合物的生物活性。在信息素的研究过程中,人们发现许多性信息素的旋光异构体和外消旋体化合物能模拟天然性信息素的生物活性,引起了昆虫学家和化学家的极大兴趣。舞毒蛾性信息素顺-7,8-环氧-2-甲基十八烷含有不对称碳原子而具有旋光异构体,它的外消旋体在室内生物测定和触角电位测定时活性都不及(+)对映体的活性高,(-)对映体完全无活性(杜家纬,1988)。

1.3.3.3 信息素抑制剂

从大量性信息素类似物的筛选研究中,发现许多类似物对性信息素引诱活性具有抑制作用。这些抑制剂本身无引诱活性,化学结构多半和性信息素相仿。Riba 等(2005)用三氟甲基酮基团取代欧洲玉米螟性信息素中主要成分——Z-十四碳烯-1-醇乙酸酯的极性基团,合成了其三氟甲基酮类似物。该类似物的 EAG 响应值仅为母体 Z-11-十四碳烯-1-醇乙酸酯的 34.7%,生物活性大大降低。触角酯酶活性研究发现,该类似物对触角酯酶的抑制活性随着其浓度升高呈现直线上升趋势,$IC_{50}=70$ nmol/L。将其与天然性信息素混合使用时,会降低天然信息素的 EAG 响应值;风洞试验中,当三氟甲基酮类似物与天然性信息素按质量比大于 1:10 混用时,会使雄性欧洲玉米螟飞行距离和时间显著增加(从 184.8 cm、4.4 s 增加到 598.2 cm、14.9 s),说明该类似物对天然性信息素组分有拮抗作用。Z-11-十六碳烯-1-醇乙酸酯是甘蓝夜蛾(*Mamestra brassicae*)性信息素主要组分之一,Renou 等(2002)合成了该组分的三氟甲基酮类似物——Z-11-十六碳烯三氟甲基酮,虽然该类似物在结构上与天然组分接近,但其生物活性不仅大为降低,而且当其与天然性信息素组分混用时,还能抑制天然性信息素的活性。Sans 等(2013)发现苹果蠹蛾中性信息素的三氟甲基酮类似物均被证明能够降低性信息素的 EAG 响应值,从而抑制性信息素的引诱活性。

1.4 昆虫性信息素的应用

1.4.1 种群监测(monitoring)

昆虫性信息素专一性强,可以灵敏地监测害虫的发生。当害虫刚从外地迁入或是刚从蛹中羽化出时,就能及时监测到,尤其对一些偶发性害虫和目前尚无测报方法的害虫特别有价值。用昆虫信息素作为虫情监测和调查的工具已获得普遍承认。由于它具有灵敏度高、准确性好、使用简便、费用低廉等优点,获得越来越广泛的应用。我国先后合成了百余种重要害虫的性信息素,并研究出一批适合于测报的诱捕器和各种剂型。使用性信息素进行监测的害虫以鳞翅目昆虫为最多,我国先后在 60 余种害虫上开展应用性信息素预测预报和防治技术研究。

准确的虫情测报有利于合理利用农药,降低生产成本,也有利于减少环境污染,保障人们健康。北京密云区一个乡过去采用"药剂封锁"法防治梨小食心虫等果树害虫,每隔 10~15 天施药 1 次,全年用药 10~11 次。采用性信息素进行虫情监测后,全年施药 4~5 次,节约防治成本 60%,防治效果明显提高。研究表明用性信息素进行棉铃虫发生期测报准确可靠,比黑光灯诱蛾法灵敏、简便、省工、省钱,用其指导化学防治效果好、效益高。此外,性信息素还被应用在昆虫抗药性方面的种群监测。

1.4.2　大量诱捕(mass-trapping)

大量诱捕法就是在农田中设置大量的性信息素诱捕器诱杀田间雄蛾,导致田间雌雄比例严重失调,减少雌雄间的交配概率,不能有效地繁殖后代,使下一代虫口密度大幅度降低而减少为害。在我国也进行了一些有益的研究和试验,1978—1982 年,辽宁省绥中县连续 5 年用性信息素诱捕法防治梨小食心虫成效显著,累计实验果园 15 万亩,推广面积 100 多万亩,平均每亩 1 个诱捕器,有效控制了梨小食心虫的危害,诱捕区虫果率 0.64%~0.77%,比化防区下降 50%以上。

1.4.3　干扰交配(mating disruption)

如前所述,许多害虫是通过性信息素相互联络求偶交配的。如果能干扰破坏雌雄间这种通信联络,害虫就不能交配和繁殖后代。干扰交配俗称"迷向法",就是在田里普遍设置性信息素散发器,使空气中到处都散发性信息素的气味,从而导致雄虫分不清真假,无法定向找到雌虫进行交配的一种治虫新技术。我国在苹果蠹蛾和梨小食心虫等害虫的防治中采用性迷向技术已有不少成功事例。

1.4.4　配合治虫

将性信息素与化学不育剂、病毒、细菌等配合使用也是很有意义的。用性信息素把害虫诱来,使其与不育剂、病毒、细菌等接触后离开,再与其他昆虫接触、交配,从而对其种群造成的损害要比当场死亡大得多。这是近年来国内外开始研究的一个新领域，赵博光等（1996）以大袋蛾（*Clania vartegata*）为试验昆虫，用性信息素加核型多角病毒制成的橡皮头诱芯进行了风洞和林间试验，结果认为此技术对雄虫多次交配，或雄虫性比明显高于雌虫的害虫，可能更有实用价值。昆虫信息素与速效杀虫剂混用也有应用前景。张钟宁等（1993）的试验表明，将蚜虫报警信息素与农药速灭杀丁混用，能显著提高防治蚜虫的效果。

1.4.5　害虫检疫与近缘种昆虫鉴定

某些昆虫性信息素和聚集信息素被用于害虫检疫，如美国白蛾、舞毒蛾、红脂大小蠹等害虫。除了在疫区大量设置诱捕器及配套诱芯以监测虫情发生情况外，很多发达国家在进口可能含有这些害虫的物资时都要求使用信息素引诱剂检验是否有检疫害虫。如在美国和欧洲造成重大林业损失的舞毒蛾，美国进口中国的包装木材时要求必须使用性信息素进行检疫，并且使用的诱芯必须从美国购买，对其他重要检疫害虫亦有类似规定。

作为分类学的辅助手段，对于一些近缘种只用形态特征很难区别，而用性信息素则容易区别。以前，我国玉米螟一直沿用欧洲玉米螟的学名（*Ostrinia nubila-lis*），20世纪70年代初用欧洲玉米螟性信息素在我国进行田间诱蛾试验，基本没有活性。后来经全国玉米螟协作组用不同种玉米螟性信息素在全国范围进行联合测试，鉴定了在我国大部分地区玉米螟的优势种为亚洲玉米螟（*Ostrinia furnaca-lis*）；在新疆分布的主要是欧洲玉米螟；而甘肃、宁夏和河北北部部分地区是两种玉米螟的混生地区。借助昆虫性信息素解决虫种鉴定与分类难题的还有日本松干蚧和黏虫等。

1.5　影响昆虫性信息素防治效果的因素

1.5.1　信息素的剂量和配比

有些害虫对性信息素的剂量反应不同。3种剂量性信息素引诱剂诱杀茶毛虫（*Euproctis pseudoconspersa*）成虫结果表明，10,14-二甲基十五碳异丁酸酯的0.5 mg、1.0 mg和0.8 mg引诱剂，灯下总体诱蛾量1.0 mg显著地高于其他两种剂量的诱蛾量。两种蚜虫的诱捕数量随着剂量的增大而增加，而同一种性诱剂在不同果园的诱蛾效果差别很大。国外学者研究了二化螟($Chilo\ suppressalis$)雄蛾对性信息素产生反应的适宜浓度,发现 0.1 mg/L 的性信息素对二化螟雄蛾的引诱力最强,浓度过高过低都降低雄蛾对性信息素产生反应的能力。

性信息素关键组分和次要组分的不同混合比例是高效诱捕昆虫的关键因素。有些成分在多种信息素中存在,甚至在许多昆虫中有完全相同的信息素成分,而只是比例不同。甜菜夜蛾信息素按 Z9,E12-14:Ac 与 Z9-14:OH 10∶1 的比例混合时,诱虫效果可持续 49 d;用 7∶3 的比例混合时,也获得较好的诱虫效果。以 E12-14:Ac 和 Z9-14:OH 按比例 9∶1,剂量为 100 μg 配制的硅橡胶塞诱芯,田间对甜菜夜蛾显示强烈的诱蛾活性;Z9-14:Ac 和 Z9,E12-14:Ac 的二元组分诱芯中,以 5∶5 和 6∶4 比例配制成的诱芯诱蛾效果最好,田间诱蛾量显著高于以 1∶9、2∶8 和 3∶7 比例配制的诱芯。国外学者的烟青虫田间试验结果表明 Z9-16:Aid 和 Z11-16:Aid 的二元混合物在不同国家都有较好的诱蛾活性,但其最佳比例却大不相同。

1.5.2 诱捕器

诱捕器是性信息素重要的应用设备,其类型、规格、设置高度和密度等都会影响防治效果。据报道,在常见类型的诱捕器中,黏性诱捕器和水盆型诱捕器效果较好。苏建伟等比较了水盆、筒形、笼罩、泥盆和黏胶诱捕器等几种常见诱捕器对二化螟的诱蛾效果,得出水盆诱捕器诱蛾效果最佳。在塑料水盆中,又以绿色、口径 24 cm、设置高度 20 cm 的诱杀效果较好。此外,诱芯至水面的距离也有影响,以 0.5～1 cm 为佳。诱捕器的高度对引诱效果有一定影响,诱捕器高于蔬菜 30 cm 时效果最佳;地面设置诱捕器效果最差,与烟株等高处诱捕效果最好,而且大的诱捕器可以诱捕到较多的蚜虫。经验还表明,诱捕器在田间的位置影响诱蛾效果,放于田边的诱捕器对越冬代雄蛾的诱集效果要好于田块中间的诱捕器。在虫口密度过高时,大面积诱捕难以完全控制二化螟危害,需要辅助其他防治措施,行间诱捕效果比行内诱捕效果好。

诱捕器在田间的布设密度和防治面积也对防治效果有影响。布设密度与田间害虫种群密度、性信息素含量及周围环境等有关,防治面积越大,效果越好。也有学者认为诱芯田间投放密度越大,二化螟雄蛾活动范围越小,干扰交配效果越好,但费用较高。此外,诱捕器的日常管理也影响防治效果。如在用水盆诱捕器诱杀二化螟时,要保持水盆水量充足,要定期捞出水盆中的死蛾,否则会影响诱蛾效果。

1.5.3　气候因子

如同其他生物防治技术一样,性信息素田间防治效果受气象、环境等多种因子影响,光周期和寄主气味等对性信息素扩散也有影响。温度是控制二化螟交配的主要因子,夜晚温度的差异可能是影响性信息素对不同世代二化螟诱集效果差异的重要原因,月光和降雨都能降低性信息素诱蛾效果。性信息素随温度的升高而释放率增加,当温度较低时其释放率就低,温度较低时对雄虫的引诱效果会明显降低。高温日晒会降低诱芯的使用寿命,这可能与高温使得性信息素过度挥发有关。如诱捕夏季始于 18:00 时,以 20:00—22:00 时诱蛾量最多。

适当的风速可以加快性信息素扩散,增强了诱芯的定向引诱能力,微风对诱蛾有利,强风对诱蛾不利。而当风速在 2~4 m/s 时,诱获率最高;也有研究认为,性诱剂诱芯的作用距离与风速无关,风速只是加快信息素扩散的速度。不同程度的降雨对诱蛾效果的影响也不一样,同样条件下干燥气候应用性诱剂控制小菜蛾的效果优于湿润气候。18:00—22:00 时降雨对诱蛾影响显著。虫口基数相同时干燥气候下诱捕量是湿润气候诱捕量的 7 倍,相同性信息素在低温下诱蛾量高于高温下诱蛾量,温度、相对湿度与诱捕量成负相关。温度在 13~32℃ 范围内,相对湿度、降水量和蒸汽压对诱捕效果无明显影响。

诱捕量与月光强度成反比。圆月时诱捕量较低,诱捕量与月光强度呈明显的负相关。从圆月到无月,诱捕量递增;从无月到圆月,呈递减。总诱捕量在前半个月较多(盛承发等,2003)。

1.5.4　植物挥发性物质

越来越多的研究结果表明,植食性昆虫的寄主植物释放挥发性物质,其中有些对昆虫性信息素的引诱效果具有协同增效作用。用性诱剂诱捕 2 种主要农业害虫美洲棉铃虫(*Helicoverpa zea*)和苹果蠹蛾(*Cydia pomonella*)时,加入寄主植物的绿叶挥发物诱捕到的雄蛾数量明显多于单独使用性信息素诱捕到的;美洲棉铃虫的雌蛾性信息素与寄主植物的挥发物(顺-3-己烯乙酸或顺-3-己烯乙醇)混合,能增强诱捕器的诱捕量,当把诱捕器放在处于花期的玉米植株旁时,其诱捕量显著增加(Dickens et al.,1993)。此外,加拿大杨树叶气味能显著增强棉铃虫性诱剂的引诱力。研究表明,寄主植物绿叶挥发性气味(顺-3-己烯乙酸酯)对美洲棉铃虫性诱剂具有一定的协同增效作用,可以提高美洲棉铃虫性诱剂的诱捕量;用 5 种已知的绿叶挥发物与苹果蠹蛾的性信息素混合,雄蛾的诱捕量显著增加。

1.6 信息素应用展望

1.6.1 经济效益及发展前景

我国外来有害生物入侵形势十分严峻。经济全球化和对外开放使我国与世界各地的经贸交流和旅游往来频繁,外来有害生物传入我国的风险大大增加。据统计,近年我国遭受外来生物入侵的种类约 400 种,昆虫引诱剂已经成功应用在美国白蛾、红脂大小蠹等成虫发生期及种群动态的监测上。国家各海关检疫系统已经将昆虫信息素应用于各海关、港口进行了有害生物的监控和检疫,有效截获了多类疫情,每年挽回直接经济损失达上亿美元。

1993 年以后,我国已成为世界第一水果生产大国。目前全国约有 350 个县(区、市)果园面积超过 666.7 hm^2,全国水果出口创汇仍然呈较大幅度的增长,果树生产已成为我国种植业中的重要组成部分。加入 WTO 后,进口果品的高价畅销与国内果品的低价滞销形成巨大反差,而形成这一反差的主要原因是果品质量。提高产品的质量和商品性,是提高果品经济效益,使果树产业健康发展的有效途径。只要我们使用病虫害无公害防控技术就可以提高果品质量,按照综合果实生产管理技术体系(integrated fruit production,IFP)生产方式生产无公害果品,再加上我国水果产区较好的生态环境,就一定能够提高我国果品在世界贸易市场上的销售量。应用昆虫信息素来防控果树的虫害是目前行之有效的生物防治措施之一,能有效减少农药的使用量,降低农药残留,达到出口果品的标准。

从生产绿色蔬菜方面来看,2006 年全国蔬菜种植面积达 1 600 万 hm^2,成为仅次于粮食的第二大农作物。2001 年中国蔬菜总产量 2.4 亿 t,出口额 21 亿美元,成为出口增长最快的农产品之一。我国是一个蔬菜生产和消费大国,同时也是病虫害发生比较严重的国家,如何有效地防治病虫害一直是广大农民和植物保护工作者面临的主要难题。蔬菜害虫是农业害虫中重要一类,为了有效地控制该类害虫,同时又不破坏生态环境和危害人类健康,其防治应着重利用天敌昆虫或昆虫病原微生物。其中,利用昆虫信息素防控虫情的发展是一项环保、绿色、无公害、无污染的手段,对于出口创汇的蔬菜虫害防治,起到了不可缺少的作用。

我国是农业大国,除粮食作物、蔬菜外,经济作物的种植面积也相当可观。近年来,农业上各类害虫的信息素诱芯的使用数量呈快速增长趋势,作为一种害虫防控的生物控制手段已经被广大农民们认可和接受,具有广阔的发展空间。

1.6.2 生态效益及发展前景

由于昆虫信息素具有专一性强,对人畜低毒,不污染环境、不伤害天敌的优点,且可广泛应用于农林业生产、海关检疫、仓储害虫的防治,有效地检测和控制害虫的发生,可以作为害虫综合治理的有效手段。同时,随着昆虫信息素的深入研究,还可应用于卫生害虫、文档害虫的防治。对于不便使用农药的公园、露天运动场、宾馆、餐厅等,昆虫信息素都可发挥它的优势,带给人们以真正绿色健康的生活环境。昆虫信息素的合理利用必将为我国生产高质量的农林产品,防止有害生物入侵和人们的绿色健康生活做出积极的贡献。

可以看出,昆虫信息素不仅绿色环保无公害,而且还是高效的生物杀虫剂,防治效果不输于化学农药,使用信息素防治可有效降低农药使用量及防治成本,因其不伤害天敌,不对目标昆虫产生抗药性,故在 IPM 防治对策中可以使用昆虫信息素作为绿色防治害虫的重要手段,从生产和应用上看,该项技术在我国有着巨大的发展空间和前景。

1.7 昆虫信息素商品化概况

美国、欧洲和日本等发达国家和地区的昆虫信息素产业已相对比较健全,有几十家具备相当规模的专业公司。欧美 2004—2009 年有 50 多种昆虫信息素(主要以引诱剂为主),在欧洲申请批准登记。批准登记的物质大部分为酯、醇类化合物。1996—2011 年共计 16 年内,美国环保总局登记的昆虫信息素有 42 种,主要防治对象为农林害虫,包括鳞翅目、鞘翅目、双翅目和一些蜱螨目。在卫生害虫的防治上也登记了一些信息素,如蟑螂聚集信息素、引诱剂,蚊虫引诱剂、趋避剂,蝇类引诱剂等。目前在红棕象甲(*Rhyncophorus ferrugineuss*)、番茄斑潜蝇(*Liriomyza bryoniae*)、烟草甲(*Lasioderma serricorne*)、印度谷斑螟(*Plodia interpunctella*)、家蝇(*Musca domestica*)、德国小蠊(*Blattella germanica*)等害虫的监测上起着不可替代的作用;苹果蠹蛾和梨小食心虫的交配干扰有较大面积应用。

中国 2008 年,武汉武大绿洲生物技术有限公司的昆虫信息素幼虫烯原药通过审核,获得正式登记。该产品是我国首个获批的昆虫信息素产品,和杀虫剂配合使用将显著提高杀虫剂的杀虫效率,有效减少化学农药的使用和对环境的影响。之后,茶毛虫性信息素(10,14-dimethylpentadecyl isobutyrate)、梨小食心虫性信息素、瓜实蝇引诱剂(cuelure)、橘小实蝇引诱剂(methyl eugenol)、地中海实蝇引诱剂（trimedlure）等昆虫信息素在我国农业部农药检定所陆续登记。目前我国初具规模的信息素相关企业有北京中捷四方生物科技有限公司、北京依科曼生物技术有限公司、漳州市英格尔农业科技有限公司、常州宁录生物科技有限公司、宁波纽康生物技术有限公司、深圳百乐宝生物农业科技有限公司等。虽然国内销售的信息素诱芯产品已有百余种，但多数来源于国外，研发相关基础相对薄弱。

目前利用昆虫信息素还存在成本较高、田间效果不太稳定等问题，我国前期基础研究起步晚，发展相对缓慢滞后，与需求相比缺口较大。但随着性信息素人工合成成本的降低、剂型的改进及相关技术的不断完善，特别是人们环保意识的增强和对绿色食品的要求，昆虫性信息素这种不污染环境的害虫防治技术，必将在未来的植物保护中占有越来越重要的位置。

2 昆虫信息素防治技术发展趋势

目前我国农林业害虫的防治非常依赖化学杀虫剂,而化学农药的不合理使用带来了一系列生态、环境,甚至经济方面的负面作用。同时随着我国经济的迅速发展,人们对生活品质的追求日益提高,对食品的安全需求使得食品生产过程少用或不用化学农药。为解决使用化学农药与高品质需求间的矛盾,迫使人们寻找防治害虫环保安全的绿色防控新技术。而利用昆虫信息素防治害虫已成为其中一个重要组成部分。应用昆虫信息素进行防治害虫具有灵敏度高、防治效果好、使用简便、不污染环境、不杀伤天敌、费用低廉等优点,未来将获得越来越广泛的应用。

国际上发达国家昆虫信息素技术已形成相对完善的产业体系,而我国昆虫信息素研究及应用开展相对较晚,发展时间较短,基础较薄弱,但也不乏成功的案例。随着我国科学技术的迅速发展,昆虫信息素防治技术与化学防治相结合,为化学农药提供重要补充,可以有效降低农药使用量,必将在我国的害虫综合治理(integrated pest management,IPM)中占有越来越重要的地位,成为 IPM 技术的重要组成部分。

2.1 昆虫信息素防治技术需求分析

20 世纪,害虫防治的水平在不断提高,杀虫剂的发展也经历了几次大的变革。最早使用无机杀虫剂和植物杀虫剂,一般将这些杀虫剂称为"第一代杀虫剂",第二次世界大战以后,DDT、六六六、对硫磷等有机杀虫剂的出现,导致了有机合成农药的大发展,是杀虫剂的最盛时期,人们将有机氯、有机磷、氨基甲酸酯类称为"第二代杀虫剂"。这些杀虫剂的出现使粮食增产 30% 左右,在害虫防治方面发挥了巨大的作用。但另一方面,由于长期广泛使用这些广谱性杀虫剂,对环境和人类生活产生了不良作用,如害虫产生了抗药性、杀伤天敌、污染环境、威胁人类健康等。

随着我国经济的迅速发展,人们生活水平日益提高,尤其是对高品质日常饮食、生活环境等的需求不断提高,催生了绿色农业、有机农业的快速发展。有机种植、有机食品在我国已不再是新鲜名词,已经进入市场、进入人们的餐桌。有机食品生产过程中不可避免地面临农业害虫的问题,因此,迫使人们去寻找防治害虫的新途径和新技术。

利用昆虫信息素防治害虫已成为"无公害杀虫剂"的一个重要组成部分。在自然界中,利用信息素进行相互之间的通信是绝大多数昆虫所采用的方式。例如,鳞翅目多数种的雄蛾利用同种雌蛾释放的性信息素(sex pheromone)寻找到雌蛾以达到交配的目的。相关信息素的研究在近30年的发展可谓突飞猛进,在信息素的结构鉴定方面,自1959年第一个昆虫信息素——蚕蛾醇鉴定以来,在鳞翅目就分离鉴定出400多种昆虫信息素。各国的专家都在全方位地研究昆虫性信息素的生物学、化学结构鉴定与合成、生物合成途径及调控机制、性信息素气味及行为学和应用技术等。应用昆虫信息素防治害虫具有灵敏度高、防治效果好、使用方便、不污染环境、不杀伤天敌及价格低廉等特点,目前国内外已有大量成功的实例。实践证明,它将在害虫综合管理中占有越来越重要的位置。

2.2　昆虫信息素防治技术发展历史

昆虫信息素是昆虫生存和生活的一种有效化学通信物质,能引起昆虫发育和行为的变化,如集群、驱逐、忌避、招引、交配等。人们模拟与合成昆虫信息素,发现昆虫信息素防治技术对环境友好,是持续控制虫害的新途径。昆虫信息素的研究与应用促进了化学生态学的发展,从发现化学气味的作用,到证实化学气味的结构与作用,都是从昆虫信息素开始的。

2.2.1　国外发展历史

早在19世纪末,欧洲科学家就注意到雌性蝴蝶会吸引异性前往交配,这种吸引与外形、颜色等视觉信号无关,猜测在雌雄个体吸引中起关键作用的很可能为类似激素类的化学物质。Karlson和Lnseher(1932)致力于研究这种通信手段,进一步确定了这种信息传递主要依靠化学物质,并将其定名为信息素激素。其实,在未揭开信息素的神秘面纱之前,美国科学家已经尝试用舞毒蛾腹尖的提取液来监测舞毒蛾的分布和发生范围,并取得了良好的效果。德国化学家Butenandt(1959)博士历经20年的研究,从50万头雌性未交配家蚕中分离鉴定了第一个天然性信息素——家蚕醇的分子结构,并证实了信息素的超高效性:空气中存有极微量的家蚕醇,就显示对雄虫的活性。1960 年,Beroza 研究了性信息素起作用的机理,在此基础上首先提出了利用信息素干扰昆虫交配从而达到防治效果的设想,并确定"迷向法"这一名称。蚕蛾醇的发现,让人们开始意识到昆虫信息素是一门蕴藏巨大应用潜力的学科,许多国家相继投入人力和物力进行研究开发,此后 20 年间,昆虫信息素研究与应用发展迅速,至 1982 年,全世界有 150 多种昆虫信息素被分离鉴定,同时还发现了 674 种信息素和引诱剂。

1979 年,美国农业部正式批准了红铃虫、家蝇、舞毒蛾和日本丽金龟 4 种昆虫性信息素用于防治农业害虫。20 世纪 80 年代,昆虫信息素被广泛应用于害虫防治实践,由于其低成本、低耗工、防效好等优势,最近 20 年来得以迅速发展。其中最成功的典范应首推美国扑灭棉铃象甲,自 1969 年棉铃象甲性信息素组分的结构鉴定和性诱剂研制成功以后,美国政府主导启动扑灭行动计划。随后民间基金会也大力资助,在几百万英亩棉花生产区进行全面综合性诱剂防治,每年使用量超过 20 万个诱捕器,连续应用十余年,该虫发生情况逐年下降,最终使该虫基本绝迹,成为世界害虫防治史上的一个典范。应用昆虫信息素防治害虫成功的范例还有 1976—1979 年红铃虫免配剂在美国、阿根廷、墨西哥、哥伦比亚、玻利维亚和印度等国约 15 万 hm^2 棉田内进行商业性应用示范;苹果蠹蛾迷向技术区域性管理计划(codling moth area wide management program,CAMP)在美国、意大利、阿根廷各地实施;苹果蠹蛾性诱剂自控计量发散器在美国、意大利、澳大利亚、南非和阿根廷应用;小蠹聚集信息素诱杀技术在北美和欧洲发达国家应用于林木小蠹的防治;在阿拉伯联合酋长国利用聚集信息素控制红棕象甲等。目前全世界已经鉴定合成的昆虫信息素及其类似物达 2 000 多种,已商品化的有 400 多种。

2.2.2　国内发展历史

国际上发达国家昆虫信息素技术已形成相对完善的产业体系,而我国昆虫信息素研究及应用开展相对较晚,发展时间较短,基础较薄弱。早在 20 世纪 60 年代,中国科学院动物研究所即开始致力于松毛虫信息素的分离鉴定工作,但是由于受到科研设备、社会环境等各种因素的制约,进展缓慢。20 世纪 70—90 年代,中国科学院动物研究所与上海昆虫研究所联合,开展昆虫信息素方面的研究工作,并成功研制出松毛虫信息素产品。其间,中国科学院动物研究所专门成立了昆虫性外激素研究室,下设若干个研究组,取得了令人瞩目的成绩。最近十多年以来,受益于国内宽松、开放的科研环境,全国有几十家高校、科研院所都在进行昆虫信息素的研究,建立了多个相关的高水平实验室。然而,国内研究以分子水平的研究居多,应用技术研究较少,目前缺乏具备自主知识产权的产品。

在我国也不乏成功应用昆虫信息素进行害虫防治的例子,包括应用性信息素诱杀枣黏虫(*Ancylis sativa*)、水稻二化螟(*Chilo suppressalis*)和绿盲蝽(*Apolygus lucorμm*)。1985—1994 年将人工合成的枣黏虫性诱剂(顺 9-十二碳烯醇酯和反 9-十二碳烯醇酯)在全国 14 个省、市、县的 500 多个枣产区进行推广应用,均获得了巨大的经济效益、社会效益和生态效益。其中在山西省推广面积近 2 万 hm²,防治效果达 83% 以上,净增经济效益达 1.58 亿元。吉林市东福米业公司 2000—2011 年连续 12 年自发在全部稻田使用性诱剂诱捕防治主要害虫水稻二化螟,防治效果良好,配合其他防控措施,生产出了高等级大米。在此带动下,2011 年吉林省全省应用面积 4 000 hm²,目前正向黑龙江和辽宁等省稻区辐射,并且带动其他种类性诱剂的示范应用。为解决棉花及多种经济作物上盲蝽为害加剧的问题,中国农业科学院植物保护研究所分离、鉴定了绿盲蝽的信息素各组分的分子结构和配比,并通过稳定性提升、诱捕器改进等环节逐步将绿盲蝽性诱剂推向了田间应用,2013—2014 年在山东、湖北、河北、北京、河南、江苏、山西等地的棉花、葡萄、冬枣等作物上共计推广示范面积 2 000 余亩,显著降低其对叶、果的为害率,并能在保证防治效果的前提下降低杀虫剂使用量。利用绿盲蝽性诱剂对其发生动态的监测更为准确可靠,可以用于虫情的预测预报,指导化学农药与其他防治措施的及时实施。

2.3 昆虫信息素防治技术应用现状与发展趋势

2.3.1 昆虫信息素防治技术应用现状

自 20 世纪 60 年代昆虫信息素进入田间研究应用阶段以来,昆虫信息素和相关引诱物质发展到几百种。很多国家都在应用信息素作为监测手段,基于信息素的害虫防控措施不断涌现。化学信息物质调控害虫行为是一种优雅的防控方法,用环境友好的特异性信息物质替代化学杀虫剂是当今的探索课题之一(盛承发,2012)。目前已经有许多成熟的昆虫信息素产品及几十种诱捕器产品,所有信息素产品的发展主要有几个方向:性信息素引诱剂、迷向剂及趋避剂等。美国、日本、法国、德国和巴西在害虫综合治理中都采用了信息素方法,降低了杀虫剂的用量。欧美等国家对小蠹虫的监测非常重视,经过 30 多年的研究和应用,其监控和防治技术已经相当成熟,如欧洲常年用于监测的小蠹虫聚集信息素及诱捕器约有 88 万套,仅捷克一个国家就有 18 万~25 万套。1991 年美国在宾夕法尼亚 2 331 hm²

的林地上空投了 14 000 个含有 20 μg 舞毒蛾性信息素的诱捕器大量诱捕该虫,并在轻度虫害发生的地区获得了成功。据不完全统计,仅 2006 年利用迷向剂防治苹果蠹蛾的总面积约为 15.7 万 hm²,其中北美 7 万 hm²,南美 1.55 万 hm²,欧洲 4.3 万 hm²,澳大利亚 0.45 万 hm² 等;防治梨小食心虫的总面积为 5 万 hm²,其中北美 1.7 万 hm²,南美 0.4 万 hm²,欧洲 1.3 万 hm² 等;防治葡萄蛾蛾总面积为 10.2 万 hm²;防治棉红铃虫、棉铃虫总面积为 5.5 万 hm²;北美防治舞毒蛾的总面积为 29 万 hm²;欧洲防治苹果长翅小卷蛾的总面积为 11.5 万 hm²。2009 年,梨小食心虫和苹果蠹蛾两种害虫在全球的迷向防治面积达到 70 万 hm²,占迷向法防治害虫面积的 85% 以上(Witzgall et al.,2010)。

2.3.2 昆虫信息素产业现状

美国、欧洲、日本等发达国家和地区的昆虫信息素产业已经相对比较健全,有几十家具备相当规模的专业公司。每年有大量产品投放市场,已经在害虫绿色防控中发挥重要作用,并成为化学农药的重要补充。国外通常使用信息素诱芯进行监测虫情和检疫,而使用干扰交配技术作为主要害虫防治手段。近几年来,仅以用作虫情监测的诱芯来算,使用量比较大的害虫信息素有:红棕象甲(*Rhynchophorus ferrugineus*)在亚洲地区每年应用超过 120 万个,美国、欧洲应用番茄斑潜蝇(*Liriomyza bryoniae*)诱芯超过 200 万个,美洲红铃虫诱芯约 260 万个,全世界范围内用于烟草甲(*Lasioderma serricorne*)、印度谷螟(*Plodia interpunctella*)、家蝇(*Musca domestica*)、德国小蠊(*Blattella germanica*)等仓储和卫生害虫的诱芯也均超过 200 万个。目前,应用干扰交配防治技术最成熟,使用面积最广的是鳞翅目害虫信息素,如苹果蠹蛾、梨小食心虫等。每年在美国超过 23 万 hm² 的迷向剂应用于舞毒蛾的防治,苹果蠹蛾迷向剂使用面积也超过 21 万 hm²(Brunner et al.,2002),欧洲每年也有超过 10 万 hm² 的葡萄园应用迷向剂防治葡萄小卷叶蛾(*Lobesia botrana*)(Varner et al.,2001)。此外,棉铃虫(*Helicoverpa armigera*)、二化螟迷向剂在欧洲也有较大面积的应用。国外这些产品全部由企业提供,并提供配套的技术指导与培训,形成了完善的产业链,在害虫防控体系中发挥了重要作用。

我国信息素科技起步较晚,虽然近十几年来发展迅速,但仍然落后于国际水平,尤其是缺乏自主创新产品,而且,我国信息素研究主要集中在高校与科研院所,对信息素应用技术研究重视不够。我国信息素发展的这些特点直接导致信息素产业的发展滞后。目前,我国初具规模的信息素相关企业有六家:北京中捷四方生物科技有限公司、北京依科曼生物技术有限公司、漳州市英格尔农业科技有限公司、常州宁录生物科技有限公司、宁波纽康生物技术有限公司，以及深圳百乐宝生物农业科技有限公司等。这些公司非常年轻，企业领导人多是由其他行业转入，基础相对较薄弱。虽然这些公司有百余种信息素诱芯产品，但绝大多数均来源于国外，自主产品很少。用于防治害虫的干扰交配技术在我国应用面积也很有限，苹果蠹蛾与梨小食心虫迷向剂总应用面积仅约 7 000 hm²。与农业害虫绿色防控的旺盛需求相比，我国昆虫信息素产业存在巨大缺口。

2.3.3　昆虫信息素防治技术发展趋势

各种研发设备与技术，包括气相色谱-质谱联用系统、触角电位系统、膜片钳系统、单细胞电生理系统、3D 行为分析系统的逐渐成熟，微量化学合成技术的不断发展，大大促进了昆虫信息素化学结构的研究。现在已经可以用毛细管色谱分析技术分析 1 头成虫的信息素组成、含量及各组分的比例。人们还发现了一种触角短毛感受器的分析方法，比沿用 30 余年的传统触角电位技术更灵敏，更能反映出不同类型感受器对信息及各组分的感应情况。这些先进的方法与仪器对更多未知害虫信息素研发提供了更加可靠的技术支持。

传统化学生态学及其成果应用依然有很大潜力。目前，有很多实验室进行昆虫信息素鉴定、合成、行为测定和田间应用，许多新昆虫的信息素不断被鉴定出来，为应用奠定了基础。昆虫信息素已经成为害虫预测预报、综合治理的重要组成部分。利用活性信息化学物质为模板合成新的活性更强的害虫行为调控因子或生物农药，也成为一种趋势。生物技术开辟了化学生态学应用的新途径。蚜虫报警信息素的主要成分法尼烯的分离纯化、类似物设计、生物合成途径研究及其合成酶基因在转基因小麦中的成功表达，标志着分子生物学和生物技术已经与化学生态学有机结合，为昆虫信息素的应用开辟了新的途径，为其他信息化学物质的应用提供了有益的借鉴。

化学感受机理的研究，是目前国际上化学生态学和神经生物学的研究热点之一。越来越多昆虫的化学感受蛋白、信息素结合蛋白基因序列等被鉴定出来，其功能验证成果颇丰，化学物质感受的神经投射部位等神经生物学机理也在不断得到揭示。这些研究不但解释了部分昆虫的取食、产卵、趋避和求偶行为的生化及分子机制，而且可用于昆虫行为、生殖隔离现象的生态机制。依据昆虫化学感受蛋白家族中不同成员的生理功能及其结构，有可能开发出以该家族成员为靶标的昆虫行为干扰因子，通过调控害虫行为，干扰其正常生理活动，最终达到防治害虫的目的。

根据化学感受机制所揭示的规律设计相应基因靶标的干扰因子,将成为昆虫化学生态学新的研究方向。

2.4 我国昆虫信息素产业发展存在的问题

2.4.1 社会层面

我国昆虫信息素的研究虽然已超过 60 年历史,但是近 20 年来才开始应用于农业害虫监测与防治,大面积推广与应用还是近几年才开始的。因此,我国昆虫信息素防治技术还属于新兴行业,消费者和种植者对此不甚了解,甚至误解。尤其是我国作物种植者一般为世代务农,对于农业害虫防治的特点缺乏认识,一味追求大剂量多次使用化学农药迅速杀死害虫,结果导致害虫抗药性迅速增加,形成恶性循环。而信息素产品仅针对害虫成虫,通过改变性比,降低交配率等方式逐步降低害虫后代数量,并需要大面积应用,是一个长期的过程。应用信息素产品后,农民发现田间仍然有害虫,仍然会造成危害,因此,他们认为新技术无效,仍然会选择化学农药。或者,信息素产品效果显著,但农民没有看到杀虫过程,仍不认可新技术。如北京中捷四方生物科技有限公司在新疆地区采用飞机释放梨小食心虫迷向剂后,农民虽然发现害虫明显减少,但他们普遍认为原因可能是当年虫害轻、天气不利于害虫暴发等,而不认可迷向剂的功效。信息素企业产品很难打开市场,严重制约了企业的发展壮大。虽然近年来我国种植者文化素质不断提高,基层也培训了大量农业技术人才,但与信息素相关的专业培训仍然严重不足,急需加大科普宣传力度。

2.4.2 产业层面

由于社会对昆虫信息素技术认识的不足,尤其是种植者的不认可,我国信息素企业发展缓慢,进而整个信息素产业仍处于起步阶段,仅应用于极少数有机农业园区,其产品在整个农业害虫防治中所占份额非常小。目前,我国昆虫信息素企业规模普遍偏小,员工普遍不足百人,产品主要销往政府采购或者科研项目,营收有限。近年来,物价飞涨也导致产品成本的增加,尤其是场地费用、物流费用、人工成本等,大大增加了产品成本,使得企业发展更为艰难。

2.4.3　技术层面

不同昆虫信息素可能需要配套不同类型的缓释技术才能达到效果,而缓释技术需要相应的仪器设备才能生产出规格一致的产品。但是为降低成本,企业通常不会购买添置多套设备,而是采取小作坊式人工生产,产品标准化不足,质量也无法得到保障。昆虫信息素非常高效、敏感,生产过程中杂质的掺入、组分比例的微小改变均可能会引起田间效果的下降,因此需要精确的配制,清洁的生产环境。但是我国信息素企业由于规模资金等问题,很难完全达到要求。

2.4.4　政策层面

昆虫信息素在我国是新兴产业还体现在没有相应的法规。目前,我国对昆虫信息素的管理部门是农业部农药检定所,相关标准均按化学农药执行,对昆虫信息素的定位不明。结果,信息素企业产品上市前需要登记时,发现很多数据、实验结果无法提供,无法完成登记,最后只能无牌违规销售;我国昆虫信息素产业的另一问题是政府投入不足,缺乏宏观调控。我国农业生产仍是一家一户的分散种植模式,而昆虫信息素技术需要大面积、长时间应用才能取得好的防效,靠农户自主应用信息素技术是不可能的。这就需要政府投入部分资金,并在宏观上进行调控协调,以推动技术的执行。另外,当前对知识产权的保护力度不够,各个企业之间互相抄袭产品现象普遍,扼杀了企业创新的动力。

2.5　昆虫信息素产业发展思路与对策建议

2.5.1　我国昆虫信息素发展思路

我国农业昆虫信息素研究的优势是集中于重要农业害虫,研究目的性强,具有更好的应用潜力。不足是我国多数研究属于起步阶段,研究积累不够,研究水平低,重复比较多,创新性不够,研究的深入性有待提高。多数化学感受蛋白的功能尚无鉴定;嗅觉化学感受研究多,味觉研究相对较少;我国对于昆虫信息素的分离和鉴定,与国际上差距不大,但在合成和利用方面存在明显不足;对于信息化合物对昆虫行为影响方面的研究,与国际上差距不大,但总的来说系统性不够,许多研究停留在表面,很难在机理和应用上提高水平。

　　许多害虫的信息素在合成化合物的纯度、稳定性、释放器的释放速率等方面的工作还不够扎实。技术和产品在田间使用效果、稳定性、持效性、使用方法还有欠缺,有的应用成本较高,难以实际推广应用。农作物上大多数主要害虫的信息素成分含醛类等不稳定物质,极易被空气中的氧气氧化,降低诱芯的寿命和诱捕效率。目前,国外在信息素缓释技术方面取得很大进展,采用特殊的聚乙烯、石蜡及小分子凝胶因子可延长信息素的有效期和防止信息素成分变质,显著降低成本和增加测报的准确性。国内的昆虫信息素缓释技术有待提升。

　　由于害虫的迁移扩散特性,信息素控害策略必须在大面积的区域化范围持续应用才能起到高效的控制效果。对化学信息素所要控制的整个区域化自然系统的复杂性缺乏足够的了解,缺少目标害虫的生物学、生态学、化学调控行为反应、环境影响因子、化学信息素在自然状况下的各种细节等的详细数据,导致该技术在整个害虫防治中所占的比例还较小。目前,我国利用信息素防治害虫技术的推广空间潜力巨大、亟待提高。随着对昆虫信息素研究的深入和认识的提高,信息素一定会被广泛地应用于实践。

　　昆虫信息素研究是化学生态学的一个蓬勃发展的领域。要充分发挥我国市场需求巨大的优势,同时发挥政府的规划引导、政策激励和组织协调作用,以企业为主体、市场为导向、产学研相结合的技术创新体系,发挥国家科技重大专项的核心引领作用,结合实施产业发展规划,突破关键核心技术,加强创新成果产业化,提升产业核心竞争力。

　　坚持科技创新与实现产业化相结合。切实完善体制机制,大幅度提升自主创新能力,着力推进原始创新,大力增强集成创新和联合攻关,积极参与国际分工合作,加强引进消化吸收再创新,充分利用全球创新资源,突破昆虫信息素的关键核心技术,掌握相关知识产权。同时,加大政策支持和协调指导力度,造就并充分发挥高素质人才队伍的作用,加速创新成果转化,促进产业化进程。

2.5.2　昆虫信息素产业发展的对策建议

2.5.2.1　政府出台政策引导

　　在美国,昆虫信息素曾被视作一类农药,因注册手续繁杂,阻碍了它的发展;现在环境保护局已把信息素作为生物合理农药(biorational pesticides)来对待,简化了注册条件的要求,以利于企业家投资。加入 WTO 后,我国农产品面临巨大的机遇和挑战。随着关税壁垒的打破,技术壁垒必然成为我国农产品出口的主要障碍。同时随着生活和健康水平的提高,城乡居民对绿色食品的需求迅速增加,无公害防治成为急需。在大力提倡绿色化学、日益强调保护环境和发展持续农业的今天,世界各大农化公司都致力于作用机理独特、活性高,选择性好且与环境相容的新型化学结构的农用化学品的研究与开发。

鉴于我国目前昆虫信息素研发与应用中存在的问题,一方面政府与相关管理部门应加大政策支持和研究经费投入力度,大力推进昆虫信息素研发与产业化进程,完善有关扶持政策,引导、鼓励农民了解并使用害虫信息素的各种制剂。另一方面应加强昆虫信息素相关的基础理论研究,利于信息素新产品的开发,在整合现有政策资源和资金渠道的基础上,设立昆虫信息素等绿色农用生物产品战略性新兴产业发展专项资金,建立稳定的财政投入增长机制,增加中央财政投入,创新支持方式,着力支持重大关键技术研发、重大创新成果产业化、重大应用示范工程、创新能力建设等。加大政府引导和支持力度,加快绿色农用生物产品等推广应用。

2.5.2.2 形成良好合作机制

昆虫信息素的研究是多学科的综合研究,昆虫信息素应用的成功,除信息素本身的活性、组分、合成、剂型、成本等条件外,涉及复杂的生物学问题,如昆虫的交配习性、化学感受、行为反应、迁飞范围、寄主种类、虫口密度、种群分布等问题。这些方面较使用化学农药要复杂得多,这解释了昆虫信息素的应用发展缓慢的原因,同时也说明了还有许多问题尚待作深度的研究。在研究和应用机制上,加强国内同行间的合作与交流,加强生物学家和化学家的合作,应当继续发挥我国综合研究的优势,深入开展昆虫信息素的基础研究和应用研究。应继续以我国重大农业害虫为对象,开展结构分析、人工合成和剂型的研究,以充分发挥昆虫信息素在这些害虫综合治理中的作用。除目前研究较多的昆虫性信息素外,还应逐步开展其他类型信息素的研究。在加强基础研究方面,应重视昆虫信息素的分子结构和功能的关系,生理生化机制、行为机理、昆虫化学感受机理、生物合成途径。从分子水平进行生物化学信息的传递、信号的加工、受体识别以及遗传特性等方面的研究。还必须充实必要的仪器设备,加速人才的培养,加强与产业部门的横向联系和国际交流。

2.5.2.3 加强企业自主创新与扶持

强化企业技术创新能力建设。加大企业研究开发的投入力度,对面向应用、具有明确市场前景的如昆虫信息素等绿色农用生物产品政府科技计划项目,建立由骨干企业牵头组织、科研机构和高校共同参与实施的有效机制。依托骨干企业,围绕关键核心技术的研发和系统集成,支持建设若干具有世界先进水平的工程化平台,结合技术创新工程的实施,发展一批由企业主导,科研机构、高校积极参与的产业技术创新联盟。

面对加入 WTO 后给我国农业带来的机遇和严峻挑战,中国农业的根本出路在于农业产业化经营。战略性新兴产业主要指以重大科学技术突破为前提,将新兴技术与新兴产业深度融合,引起社会新的市场需求,技术门槛高、带动能力强、综合效益好、成长速度快、市场潜力大、产业规模大,对国民经济全局和长远发展具有重要意义的新产业以加速昆虫信息素产业规模化发展为目标,选择一批具有引领带动作用,有一定的自主研发能力的企业,从政策与技术方面给予支持,重点扶持与培育。一方面,为企业联系相关高校及科研院所,提供技术支撑与保障,并促进科研成果产业化;另一方面,适当放宽对这些企业的贷款融资政策,让企业有足够资金做大做强。对于扶持的龙头企业,政府可以适当从场地审批、产品推广等方面予以扶持,并给予税收优惠。

2.5.2.4　做好示范推广与应用

坚持以应用促发展。选择处于产业化初期、社会效益显著、市场机制难以有效发挥作用的重大技术和产品,如昆虫信息素等绿色农用生物产品,统筹衔接现有试验示范工程,组织实施绿色发展的昆虫信息素重大应用示范工程,优化生物农药在整个农药结构体系中的比例,引导信息素等绿色农用生物产品推广模式转变,培育市场,拉动产业发展。

推进重大科技成果产业化发展。完善科技成果产业化机制,加大实施产业化示范工程力度,建立健全科研机构、高校的创新成果发布制度和技术转移机构,促进技术转移和扩散,加速科技成果转化为现实生产力。依托具有优势的产业集聚区,培育一批创新能力强、创业环境好、特色突出、集聚发展的绿色农用生物产品战略性新兴产业示范基地,辐射带动区域经济发展。

通过借鉴美国、日本、俄罗斯等国家昆虫信息素等绿色农用生物产品推广体系的特点和成功经验,以最大限度地发挥各类推广组织的作用,建立高效的多元化推广组织系统,构建我国昆虫信息素科技推广体制创新的保障机制;并对科研单位昆虫信息素科技推广体制进行尝试构建,研究制度框架中的组织结构、运行机制和推广模式。加大政府投资力度,鼓励企业、组织与个人参与农业推广投资,形成昆虫信息素科技推广多元化融资渠道;加强昆虫信息素科研、教育、推广之间的协作,建立产学研一体化的科技创新体系;充分发挥农民协会、涉农企业等市场组织的作用;通过严格的考核和培训制度,提高推广队伍综合素质。

推动昆虫信息素科技推广体制创新顺利进行的保障机制,即完备的政策保障体系,有效的政府扶持政策,投入保障机制创新,激励约束机制创新,加强信息化平台建设。建立一个以市场为导向,以政府农业部门的农业技术推广体系为主体,高校、科研机构、市场型组织紧密结合的多元化昆虫信息素推广系统。

2.5.2.5　加强科学知识宣传普及

不合理使用化学农药引发了系列的环境与社会问题,诸如农田天敌被杀伤、害虫抗药性日趋加重、农副产品的农药残留量增加等,对我们生存的环境造成了污染和破坏。在害虫综合防治中,一些新的可减少或替代化学农药的防治技术也逐渐发展起来。在掌握和了解了昆虫信息素的特点后,人为加以模拟和利用,使微量的化学信息物质显示出奇妙和巨大的生物效应,出现了新型高效的害虫防控新技术途径,与传统农药相比具有明显的优越性。昆虫信息素的研究,完善和丰富了昆虫化学生态学的内容及体系,鼓励了农药的创新与开发。在当今化学农药的是非、利弊争论之际,昆虫信息素用于防治有害昆虫,保护农作物将具有巨大的优越性和发展潜力。

加强农业技术推广与管理部门协调,积极宣传指导昆虫信息素绿色防控技术。就目前而言,应用昆虫信息素防治技术并不是替代化学农药,该技术可以使化学农药使用得更好。信息素防治技术可以与其他一些防治技术相兼容,联合使用,充分发挥综合防治中各种技术的优势。昆虫信息素技术推广上的难度在于农民的传统观念,这就需要科研单位、企业与农业技术推广部门紧密合作,结合当地的气候和作物系统来指导农民逐步转变现有害虫防治理念,正确、有效地使用昆虫信息素技术。

3 苹果蠹蛾性信息素的研究

昆虫依靠化学信号寻找食物和配偶。蛾类依靠信息素寻找配偶的发现很快就导致了"通过向环境中释放人工合成的信息素来干扰性交流"的想法。1991年,在美国出现了第一个登记在册的性信息素释放器来有效干扰苹果蠹蛾的交配。之后干扰交配不断获得接受而且在一些仁果类水果产区成为一种控制苹果蠹蛾的主要方式。

苹果蠹蛾所造成的经济损失和对外贸易壁垒,已引起了政府部门的高度重视,被国家确定为重要的对外对内检疫对象。由于苹果蠹蛾危害的隐蔽性,幼虫孵化后便很快蛀入果实内部;另一方面使用化学农药已引起苹果蠹蛾抗药性增加(Reyes et al. ,2009;Witzgall et al. ,2008),并造成环境污染和食品安全等问题,应用苹果蠹蛾雌性性信息素监控苹果蠹蛾成为国内外研究关注的重点。苹果蠹蛾的化学生态调控手段主要包括性信息素调控和寄主植物源气味调控两个方面,国外在应用性信息素和植物源气味对苹果蠹蛾进行监测、诱杀和防治方面取得了较好的效果。

3.1 苹果蠹蛾性信息素的研究

3.1.1 苹果蠹蛾性信息素的释放节律

害虫的交尾习性及雌性性信息素释放节律,是应用性信息素防治害虫的基础。苹果蠹蛾的交尾行为主要发生在黄昏之前,个别能在清晨进行交尾,夜间未发现有交尾行为(张学祖,1958);陈宏等(1995)指出苹果蠹蛾的求偶行为发生在日落后,并一直持续到午夜,而在日落前几乎诱不到雄蛾,交尾时间达 50 min 甚至 1 h 以上,交尾形式如一字形。雌蛾羽化后2~3 d,位于腹部末节的腺体开始释放性信息素,3~7 d 为释放高峰期,羽化 3 d 的雌蛾性腺中含有大约 2 ng 的性信息素 $E8$,$E10$-十二碳二烯醇(Arn et al. ,1985)。Bäckman 等(1997)进一步研究发现,在人工黑暗 30~75 min 后,雌蛾即开始出现召唤行为,在召唤期的前 0.5 h,性信息素释放速率明显增强,然后相对稳定,最高的释放速率出现在召唤开始后的1~1.5 h,召唤期的雌蛾释放性信息素的速率约为 6.5 ng/h(El-Sayed et al.,1999;Bäckman et al.,1997)。

3.1.2 苹果蠹蛾性信息素的组分

Roelofs 等(1971)第一次通过气相色谱(GC)和触角电位实验(EAG)鉴定出苹果蠹蛾雌性性信息素主要成分为 $E8,E10$-十二碳二烯醇($E8,E10$-12:OH)。随后,通过进一步的化学分析确认了它的分子结构(图 3-1)和在雌蛾性腺中的存在形式(Beroza et al.,1974;McDonough et al.,1974)。

图 3-1 E-8,E-10-dodecadien-1-ol 的化学结构

由于 Bartell 等(1981)报道,与等量单一的 $E8,E10$-十二碳二烯醇相比,雄蛾对雌蛾性腺提取物的飞行轨迹更加简单直接,表明在雌蛾性腺提取物中还有一些次要组分影响雄蛾的求偶行为。因此促使了研究者继续不断探究苹果蠹蛾性信息素的次要成分,而更尖端的分析技术的发展也使鉴定其他一系列、结构相关的化合物成为可能。Einhorn 等(1984)、Arn 等(1985)和 Witzgall 等(2001)分别在雌蛾性腺提取物中鉴定了一些其他次要化合物,虽然各自所鉴定的组分有所不同,但是大部分是相同的,包括一些饱和的单烯型和二烯型直链醇,其中也包含 $E8,E10$-十二碳二烯醇的全部 4 种几何异构体,还有醋酸盐和乙醛相似物。如 Witzgall 等(2001)通过 GC-MS 和 GC-EAD 所鉴别的性腺提取物组分详见表 3-1。

表 3-1 雌性苹果蠹蛾性信息素腺体提取物组分

成分	缩写	分子式	相对量
E-8,E-10-dodecadien-1-ol（反 8,反 10-十二碳二烯-1-醇）	$E8,E10$-12:OH	$C_{12}H_{22}O$	100
Dodecan-1-ol(十二醇)	12:OH	$C_{12}H_{26}O$	18.4
Octadecanal(十八醛)	18:Al	$C_{18}H_{36}O$	6.3
E-9-dodecen-1-ol(E-9-十二碳烯-1-醇乙酸酯)	E9-12:OH	$C_{12}H_{20}O$	5.1
E-8,E-10-dodecadienal($E8,E10$-十二碳二烯醛)	$E8,E10$-12:Al	$C_{12}H_{20}O$	3.9
Octadecan-1-ol(十八醇)	18:OH	$C_{18}H_{38}O$	3.9

续表 3-1

成分	缩写	分子式	相对量
Tetradecan-1-ol(十四醇)	14:OH	$C_{14}H_{30}O$	3.8
Hexadecan-1-ol(十六醇)	16:OH	$C_{16}H_{34}O$	2.6
E-8,Z-10-dodecadien-1-ol($E8$,$Z10$-十二碳二烯-1-醇)	$E8$,$Z10$-12:OH	$C_{12}H_{22}O$	1.8
Decanol(正癸醇)	10:OH	$C_{10}H_{22}O$	1.4
E-8-dodecen-1-ol($E8$-十二碳烯-1-醇)	$E8$-12:OH	$C_{14}H_{26}O_2$	0.9
Z-8,E-10-dodecadien-1-ol($E8$,$Z10$-十二碳二烯-1-醇)	$Z8$,$E10$-12:OH	$C_{12}H_{22}O$	0.8
Z-8,Z-10-dodecadien-1-ol(反 8,反 10-十二碳二烯-1-醇)	$Z8$,$Z10$-12:OH	$C_{12}H_{22}O$	0.3
E-8,E-10-dodecadienylacetate($E8$,$E10$-十二碳二烯-1-醇乙酸酯)	$E8$,$E10$-12:Ac	$C_{14}H_{24}O_2$	0.01

注:本表引自 Witzgall et al.(2001)

3.1.3　苹果蠹蛾性信息素主要组分的合成方法

　　昆虫信息素的合成是信息素研究的重要环节,既可为结构鉴定提供标准化合物,又可为室内外生物活性测定提供实验样品,也是商品化大量生产和田间应用推广的重要前提(马瑞燕和孟宪佐,2005)。Roelofs 等(1971)采用"Witig 反应构建烯烃"合成了性信息素 $E8$,$E10$-十二碳二烯醇,但此路线过长、收率低、异构化后的选择性也不好。随后陆续有许多的文献报道了 $E8$,$E10$-十二碳二烯醇的合成方法(Herick,1977;Odinokov et al.,1985;黄文芳等 1986;Khrimyan et al.,1991;Shakova et al.,1996;张涛等,2005)。如 Odinokov 等(1985)采用以 1,4,9-癸三烯基三甲基硅烷为起始原料的烯烃硼氢化/氧化方法,合成了 $E8$,$E10$-十二碳二烯醇,总收率较高,但起始原料相对不易得到。黄文芳等(1986)以二苯基烯丙基型叶立德 $Ph_2CH_3P=CHCH=CHCH_3$ 与脂肪醛 $OHC(CH_2)_6COOCH_3$ 为原料,利用 Witig 反应合成 $E8$,$E10$-十二碳二烯醇,收率较高,立体选择性较好。张涛等(2005)采用 Schlosser-Witig 反应,以 ω-溴代辛醇三苯基膦和 $E2$-丁烯醛(反式巴豆醛)为原料,在苯基锂-溴化锂存在下,立体选择性合成了苹果蠹蛾的性信息素,总收率约为 30%,E,E-异构体含量可达 98%。中国科学院新疆分院化学所从 20世纪 80 年代以来,一直采用山梨基乙酸酯与格氏试剂为原料,经四氯铜锂催化合成 $E8$,$E10$-十二碳二烯醇,总收率约为 65%,E,E-异构体含量可达 99.7%,并制备成性诱芯应用在新疆果树上,取得了较好的防治效果(黄国正和阿吉艾拜尔·艾萨,2007;李保国和梅龙珠,1999)。

3.1.4 苹果蠹蛾性信息素主要组分的电生理和行为测定

自从 Roelofs 等(1971)确定了苹果蠹蛾的性信息素主要成分为 $E8,E10$-十二碳二烯醇以来,关于苹果蠹蛾性信息素的电生理和行为测定的研究迅速展开。McDonough 等(1993)风洞试验发现,苹果蠹蛾雄蛾对释放速率 $3\sim5$ ng/h 的人工合成性信息素合成物 $E8,E10$-十二碳二烯醇的反应与对 5 个苹果蠹蛾雌蛾的反应相同。随后在振翅实验和风洞实验中进一步发现,雌蛾性腺提取物中的 $E8,E10$-十二碳二烯醇与其等量的人工合成性信息素对雄蛾的引诱作用相同(McDonough et al.,1995)。苹果蠹蛾雄蛾不仅对主要性信息素组分 $E8,E10$-十二碳二烯醇产生强烈的触角电位(EAG)反应,而且对雌蛾性腺提取物中的次要成分也会产生EAG 反应,但均与 $E8,E10$-十二碳二烯醇所产生的 EAG 值存在显著差异(Bäckman et al.,2000;Lucas et al.,1994)。另外,虽然 $E8,E10$-12:Ac 在雌蛾性腺中含量甚微,但是在 EAG 试验中,雄蛾触角对 $E8,E10$-12:Ac 的反应仅次于$E8,Z10$-十二碳二烯醇(Witzgal et al.,2001;Lucas et al.,1994)。

进一步的大量室内和田间试验表明,苹果蠹蛾雌蛾性腺中的次要组分与主要成分 $E8,E10$-十二碳二烯醇结合可以增强或拮抗主要性信息素成分对雄蛾的吸引力(Coracini et al.,2003;Witzgal et al.,2001;El-Sayed et al.,1999;Bäckman et al.,1997;McDonough et al.,1993;Bartel et al.,1988;Arn et al.,1985)。

一般来说,在 $E8,E10$-十二碳二烯醇中添加低剂量的次要组分,可以增加对雄蛾的吸引力(El-Sayed et al.,1999;Bartel et al.,1988;Arn et al.,1985)。如在风洞试验中,将雌蛾性腺中的第二组分十二烷-1-醇适当添加到 $E8,E10$-十二碳二烯醇中,可以增强低剂量 $E8,E10$-十二碳二烯醇对雄蛾的吸引力(Arn et al.,1985);在风洞试验中,雄蛾可以区分相同释放速率的合成物和雌蛾提取物 $E8,E10$-十二碳二烯醇(El-Sayed et al.,1999),雄蛾对雌蛾性腺提取物的反应超过了单一的$E8,E10$-十二碳二烯醇,但是添加 3% 的 $E8,Z10$-12:OH,可以增强雄蛾对 $E8,$$E10$-十二碳二烯醇的反应(El-Sayed et al.,1998)。Bartel 等(1998)报道十二烷-1-醇和十四烷-1-醇与 $E8,E10$-十二碳二烯醇三者结合对雄蛾所引发的行为反应与雌蛾性腺提取物所引发的反应相同,从而说明了在 $E8,E10$-十二碳二烯醇中添加十二烷-1-醇和十四烷-1-醇对于获得和天然信息素诱发对雄蛾相近水平的反应是必不可少的。虽然还没有在田间试验中证明十二烷-1-醇和十四烷-1-醇这两种物质对苹果蠹蛾有引诱作用(Brown et al.,1992;Knight,1995),但是在

田间诱捕试验中,单独使用上述二者中的任何一个与 $E8,E10$-十二碳二烯醇结合,均不能提高 $E8,E10$-十二碳二烯醇的诱捕活性(Bäckman et al.,1997;Bartel et al.,1988)。

如果次要组分的量添加过多,则表现为拮抗作用,即可降低诱剂对雄蛾的引诱作用(Witzgal et al.,2001;Witzgal et al.,1999;El-Sayed et al.,1998;McDonough et al.,1993;Hathaway et al.,1974)。如雌蛾性腺次要组分 $E8,E10$-12:Ac 和 $E8,Z10$-十二碳二烯醇微量添加到 $E8,E10$-十二碳二烯醇能增强对苹果蠹蛾的吸引力(Coracini et al.,2003;Witzgal et al.,2001;ElSayed et al.,1998);当在 codlemone 中添加大量的 $E8,E10$-12:Ac 会抑制对雄虫的引诱作用(Hathaway et al.,1974)。Witzgal 等(2001)进一步的实验结果指出,只有当这两种化合物的量超过 5％时才起拮抗作用,如果依据在雌蛾性腺中的比例添加十二烷-1-醇、$E8,Z10$-十二碳二烯醇和 $E8,E10$-12:Ac,可增加 $E8,E10$-十二碳二烯醇对雄蛾的吸引力。Codlemone 的最活跃的异构体 $E8,Z10$-十二碳二烯醇,当它占 $E8,E10$-十二碳二烯醇混合物的 3％时是增效剂,但当它占 20％或更多时它成为一种拮抗剂(Witzgal et al.,2001;El-Sayed et al.,1998;McDonough et al.,1993)。这可能是由于自然界很多物种拥有和其他物种相同的信息素组分,但以混合物组分组成或组分比例的独一性来保持种间隔离,如 $E8,E10$-12:Ac 是与苹果蠹蛾同属的梨小卷蛾(*Cydia pyrivora*)的主要性信息素(Makranczy et al.,1998);$E8,E10$-十二碳二烯醇和 $E8,E10$-12:Ac 以 1:1 混合,则是山毛榉卷叶蛾(*Cydia fagiglandana*)的主要性信息素(Witzgal et al.,1996)。

3.1.5 苹果蠹蛾性信息素的应用

随着绿色农业的普遍实施及害虫可持续控制策略的推广,利用昆虫性信息素监测和控制这一新技术对有害昆虫进行管理,是保护环境、有效控制害虫的可行途径之一。逐渐取代了早期的诱饵诱捕器以及灯光诱捕器,成为害虫种群动态监测和防治的主要工具。对于检疫性害虫苹果蠹蛾,有效的监测不仅可以明确它的发生规律和种群动态,为正确制定综合防治计划和措施打好基础,而且可以判断疫区范围和扩散途径。随着苹果蠹蛾性信息素 $E8,E10$-十二碳二烯醇人工合成的成功及其在一个广泛的剂量范围内对雄蛾的引诱作用(McDonough et al.,1993;Castrovillo et al.,1980),促使了苹果蠹蛾性信息素在田间实践中广泛应用。目前昆虫的性信息素主要用于种群监测、大量诱捕、干扰交配和区分近缘种等方面。

3.1.5.1　种群监测

性信息素在昆虫中特别是蛾类昆虫中已被成功地用于包括发生期、发生量和抗药性等方面的种群监测。利用性信息素与诱捕器可了解害虫季节消长及昼夜动态,已成为重要害虫虫情测报的主要手段。国际上曾多次在该虫世界分布图上将我国东部(尤其是渤海湾沿岸)划为该虫分布区,经全国苹果蠹蛾研究协作组于1991—1993 年在山东、辽宁、河北、河南、北京和新疆六省、市、自治区应用性信息素进行多点重复监测调查,论证了我国东部地区无苹果蠹蛾的分布。

将定量的杀虫剂混入性信息素中,制成胶膜,置于黏胶诱捕器中,只需检查诱捕器中的雄蛾死亡率,即可获得其抗药性情况。Brewer 等研制了一种应用性信息素监测甜菜夜蛾田间种群对农药抗性的技术,他们将农药与诱捕器的黏胶融合在一起,使施用农药与诱捕害虫结合起来,发现把诱捕器中诱集到的成虫在 21 ℃下培育 30～36 h,可得到稳定的 LC_{50},而对照组的死亡率极低。通过这种方法可以反映出田间种群对农药的抗性水平。这一技术将雄蛾诱捕和抗药性监测合二为一,更为简单且易于操作(Brewer et al.,1989)。

3.1.5.2　大量诱杀

通过信息素诱捕器诱杀田间害虫,使田间雌雄比例失调,减少雌雄之间的交配概率,使下一代虫口密度大幅度降低。Kim 等于 1992—1994 年在韩国 Chonnam 省调查了性信息素大量诱捕对甜菜夜蛾季节性发生和密度的影响。陈汉杰等设计出性信息素加农药诱杀器,以 60、135、240、480 个/km² 诱杀器进行田间处理,由实验结果可以看出 135 个/km² 诱杀器处理即会有明显的效果。经在不同的虫口密度果园试验,以诱蛾量下降率、为害率和雌蛾交配率 3 项指标考察,该诱捕器 1 次挂出,在田间有效期达 70～80 d,取得较理想的防治效果(陈汉杰等,1998)。

常用的苹果蠹蛾性诱捕器包括国际标准诱捕器、水盆式诱捕器、罩笼式诱捕器、瓶式(杯式)诱捕器以及其他多种自制的诱捕器。通过不同的诱捕器诱捕效果的比较发现,三角形胶黏诱捕器要好于水盆式诱捕器,成虫出现高峰期间胶黏式诱捕器捕获雄虫的数量为水盆式诱捕器的 4～4.2 倍,瓶式诱捕器明显地也优于水盆式诱捕器(杜磊等,2007;周成军和刘文萍,1997),薛光华等(1995)也得出瓶式诱捕器要优于其他的诱捕器。因此,推荐使用瓶式诱捕器或三角形胶黏诱捕器进行田间监测和诱杀。目前,主要应用苹果蠹蛾性信息素主要成分 E8,E10-十二碳二烯醇进行监测和诱杀。实验表明含 1.25 mg 性诱剂的诱芯诱蛾最多,而高于 5 mg 或低于 0.5 mg 剂量时,诱蛾量均明显下降(陈宏等,1995)。Kehat 等(1994)指出最理想的诱芯剂量为 100～1 000 μg，5 000 μg 剂量的诱捕量显著减少，并推荐使用 1 000 μg 剂量。随着在田间放置时间的增加，诱芯的诱捕效果会越来越差；与新的诱芯相比，11 d 后诱芯的诱蛾量显著减少（Streinz et al.，1993；Kehat et al.，1994）。为了增加田间监测和诱杀的效果，可以合理添加一些次要性信息素成分。如次要性信息素成分十二烷-1-醇和十四烷-1-醇结合 $E8$，$E10$-十二碳二烯醇可以增强对雄蛾的引诱效应（Preiss et al.，1988）。在目前广泛用作监测和迷向防治苹果蠹蛾的诱芯中，其味源配剂主要为 $E8$，$E10$-十二碳二烯醇、十二烷-1-醇和十四烷-1-醇的混合物（Barnes et al.，1992）。

寄主挥发物与性信息素结合使用能起到较好的监测和诱杀作用。一些植物挥发物成分能够增强性信息素 $E8$，$E10$-十二碳二烯醇对苹果蠹蛾引诱效应（Knight et al.，2005；Light et al.，1993）。如 $E8$，$E10$-十二碳二烯醇与 E-β-farnesene、racemiclinalool 或 $Z3$-hexen-1-ol 任一个混合都比单一的 $E8$，$E10$-十二碳二烯醇能显著增加对雄蛾的引诱作用（Yang et al.，2004）；在苹果园监测中梨酯和 $E8$，$E10$-十二碳二烯醇混合物（3 mg∶3 mg）结合能够显著增加诱捕的雄性个体数量以及雌雄总量。这是由于植物挥发物有利于引导寄主定位和增加性信息素的交流（Landolt et al.，1997）。一些苹果挥发物如梨酯（$E2$，$Z4$，ethyl decadienoate）已被证实能诱导苹果蠹蛾雄性和雌性的较强的触角和行为反应，可以吸引苹果蠹蛾的雄性、未交尾的和已交尾的雌性成虫，并具有持久性和高效性（Pasqualini et al.，2005；Ansebo et al.，2004；Hughes et al.，2003；Hern and Dorn，2002；Knight et al.，2001；Light et al.，1980；Sutherland，1972）。苹果果实挥发物 E，E-α-farnesene 已经被证明能引诱苹果蠹蛾的成虫和幼虫（Hern and Dorn，2004；Yan et al.，2003；Landolt et al.，2000），并且影响雌蛾的产卵行为（Witzgall et al.，2005）。因此，苹果蠹蛾利他素引诱剂已经得到了有效的发展和改进。

3.1.5.3 性迷向

鳞翅目昆虫交配时需利用其性信息素进行通信，迷向即是人为在空气中释放人工合成的信息素来阻止昆虫嗅觉通信和求偶行为，达到抑制或延迟害虫交尾，使种群繁殖活动受到一定程度的抑制，控制昆虫后代的危害，由此达到防治害虫的目的（王香萍和张钟宁，2004）。近年来以信息素为介导的迷向技术已经成为一种切实可行的害虫管理技术，并被广泛应用于防治农、林、果树害虫（Witzgall et al.，2008；Welter et al.，2005）。1991 年，第一个用于苹果蠹蛾迷向防治的性诱芯在美国注册，其后，迷向防治方法逐渐得到认可，并在一些梨果主产区已经成为防治苹果蠹蛾不可或缺的一部分（Thomson et al.，1999）。Codlemone 已在 21 个国家注册(Witzgall et al.,2008)。

苹果蠹蛾的迷向商业配剂主要成分为 $E8,E10$-十二碳二烯醇或者是与十二烷-1-醇和十四烷-1-醇相结合的混合物(Witzgall et al.,1999;Barnes et al.,1992)。每公顷放置 500~1 000 个诱芯,即可取得较好的防治效果(Pfeiffer et al.,1993;McDonough et al.,1992)。如 Judd 等(1997)于 1990、1991 和 1993 年,在 4 个果园中,每公顷散发 1 000 枚诱芯,平均果实损失率小于 0.7%。在 1982 和 1983 年,余河水等(1985)平均每批每亩散发性信息素 0.036 g 和 0.042 5 g,迷向率达99.5%,雌蛾交尾率下降 55%~75%,虫果率下降 72.5%~77.2%。

但苹果蠹蛾种群密度是迷向法防治效应的最重要限制因素,成功的苹果蠹蛾迷向技术的应用要求低的初始种群密度(Cardé and Minks,1995)。当每公顷越冬代幼虫虫口密度超过 1 000 头时,应用单一的迷向法很难将苹果蠹蛾控制在经济损失允许水平以下,此时,就必须在发生前期辅以杀虫剂和苹果蠹蛾颗粒体病毒,才能起到较好的防治效果(Witzgall et al.,2008;Knight et al.,1995;Howell et al.,1992)。而在迷向处理过的果园中,通过观察雄蛾行为得出,在苹果蠹蛾高种群密度下迷向法防治的失败是由于人工合成和雌性释放的性信息素之间存在差异(Witzgall et al.,1999)。另外,应用迷向法防治苹果蠹蛾需要在孤立果园中,以避免或排除已交配雌蛾的迁入(Welter et al.,2005;Barnes et al.,1992)。为了防止风使信息素浓度逐渐弥散消失,从而造成果园周边易受害的不足(Koch et al.,1997),Thomson 等(1999)认为苹果蠹蛾控制的最佳地点是果园具备信息素均匀弥散的地形条件,至少 1 hm² 大的正方形而非细长条的栽有小树的平坦果园。

19 世纪 80 年代早期,性信息素就被用于苹果蠹蛾的控制,但由于迷向技术应用上的技术复杂性,直到 1993 年由 USDA 和加州、俄勒冈州、华盛顿的大学组织的苹果蠹蛾区域性管理计划(Codling Moth Areawide Management Program,CAMP)的实施才使苹果蠹蛾迷向技术应用取得了突破性进展(Witzgall et al.,2008)。CAMP 将种植者、技术人员、信息素经销商和企业结合在一起,提升了苹果蠹蛾迷向技术的应用效果,从而有利于种植者采用该技术。截至 2006 年,迷向技术应用覆盖了 48 000 hm² 或华盛顿州 66% 的苹果种植区(Gut et al.,2004;Calkins and Faust,2003;Brunner et al.,2002;Gut et al.,1998;Thomson,1997)。在其他地方如密歇根州和加利福尼亚州、意大利南蒂罗尔、阿根廷 AltoValle 实行区域性管理计划,也同样取得成功(Thomson et al.,1999;Waldner,1997)。

3.2 寄主植物信息化合物对苹果蠹蛾性信息素的增效作用

3.2.1 寄主植物气味组成及其对苹果蠹蛾行为的影响

苹果蠹蛾的寄主植物广泛,释放的成分相当复杂,主要物质有异戊二烯和单萜类,也包括一些烷类、烯烃类、醇类、羰基类、有机酸、酯类和乙醚等,其中对昆虫有引诱作用的主要有萜类化合物、苯丙素类和植物绿叶类挥发物(Theis et al., 2003)。正是寄主植物的这些挥发性成分和非挥发性成分在苹果蠹蛾寄主寻找行为、求偶交配行为及产卵行为等方面起了重要的调控作用。

苹果气味不仅对苹果蠹蛾具有引诱作用(如苹果蠹蛾成虫对许多寄主挥发气味化合物如 E,E-α-farnesene、E-β-farnesene 等都存在触角电生理反应,反应较强的化合物有 $2E,4Z$,ethyl decadienoate 等,而且苹果气味还能激发雌蛾的信息素释放、逆风飞行和婚飞,如增加未交配雌蛾的婚飞比例、婚飞时间和促进受孕雌蛾的产卵(Ansebo et al.,2010)。苹果气味存在时,未交配和已交配的雌蛾在嗅觉管道中的爬行和振翅比在清新空气中表现得更加活跃,且已交配雌蛾相对于未交配雌蛾反应更为强烈。同时苹果气味增强雄蛾对雌蛾性信息素的反应,如在苹果蠹蛾性信息素中加入 E-β-farnesene 比单独的性信息素源能显著引诱更多的苹果蠹蛾雄蛾(Yang et al.,2004)。

E,E-α-farnesene 是苹果树上空最为丰富的挥发性化合物之一,也是被证实具有能引诱和调控苹果蠹蛾行为的主要化合物之一。E,E-α-farnesene 是苹果蠹蛾产卵刺激剂,单独的组分也能产生和苹果果实相同的引诱作用(Bradley et al., 1995);但苹果蠹蛾雄蛾和雌蛾对 E,E-α-farnesene 的剂量反应存在明显的性二型现象,雌蛾受低剂量引诱(从 63.4 ng 开始)而受高剂量排斥(到 12 688 ng 结束),而雄蛾则在较大的剂量范围内(63.4~12 688 ng)既不受引诱也不受排斥(Alan et al.,1999),这表明苹果蠹蛾雌蛾对植物气味的依赖性更强。在实验室和野外条件下观察苹果蠹蛾雌蛾对 E,E-α-farnesene 的繁殖和嗅觉行为反应时发现,当 E,E-α-farnesene 剂量为 1mg 和 0.1mg 时雌蛾分别出现婚飞和繁殖高峰,已交配雌蛾对 0.01 mg E,E-α-farnesene 的反应相比于其他剂量更加强烈(Yana et al.,2014)。但苹果蠹蛾雌蛾对纯 E,E-α-farnesene 的反应没有它们对天然苹果气体或果实提取物那么强烈,这说明了苹果气味中除 E,E-α-farnesene 外,其他成分对于苹果蠹蛾寻找寄主行为也十分重要(Who et al.,2003)。己酸丁酯(butylhexanoate)是成熟苹果气味的主要成分,占挥发物气味总量的 10% 以上,是苹果蠹蛾受孕雌蛾的一种专有利他素,作用阈值为 0.000 36~3 625 μg,但它对苹果蠹蛾雄蛾和未交配雌蛾没有作用(Hern et al.,2003)。因此,己酸丁酯可作为苹果蠹蛾受孕雌蛾特有的监测手段。对苹果蠹蛾引诱效果最好的是 $2E,4Z$,ethyl decadienoate,也就是通常所说的梨酯(pearester),是目前唯一商业化的苹果蠹蛾利他素。它首先在成熟的 Bartlett 梨中发现,占挥发物总量的 10%,能引起苹果蠹蛾强烈的触角电位反应(Light et al.,2001),对苹果蠹蛾雌雄个体都有引诱作用,野外的诱捕效果能达到相当于性信息素诱捕效应的水平(Knight et al.,2005;Pasqualini et al.,2005)。同时梨酯还能影响苹果蠹蛾产卵行为,尽管它不能影响雌蛾产卵数量,但能明显地改变卵的空间分布,使雌蛾将卵产在离果实更远的位置,梨酯的这种对苹果蠹蛾雌蛾产卵行为(寄主定位)的破坏,导致了更高的幼虫死亡率(直接作用),也加强了幼虫杀虫剂的效果(间接作用),有利于其在苹果蠹蛾综合治理中的应用。

苹果蠹蛾幼虫亦能利用寄主植物产生的利他素寻找寄主。如苹果蠹蛾新孵幼虫在静止空气中能探测到 1.5 cm 范围内的苹果果实,当空气流动时则探测范围更大。E,E-α-farnesene 被证实在引诱苹果蠹蛾幼虫时发挥了重要作用,受苹果蠹蛾幼虫危害的苹果相对于未受害的苹果能引诱更多的苹果蠹蛾幼虫,分析显示受害的果实释放更多的 E,E-α-farnesene,而其他类型损伤的苹果果实的 E,E-α-farnesene 释放量却很少,这正好说明了 E,E-α-farnesene 对苹果蠹蛾幼虫具有很强的引诱力(Landolt et al.,1998)。梨酯对苹果蠹蛾新孵幼虫亦存在很强的引诱力,与 E,E-α-farnesene 相比,梨酯只需千分之一的剂量就能产生和 E,E-α-farnesene 相同的幼虫趋化应答反应,而且持续的时间也更长一些(Hern et al.,2001)。

植物释放的挥发性气味将苹果蠹蛾引诱至寄主植物,而寄主表面上的一些非挥发性物质则将进一步对苹果蠹蛾的产卵行为产生影响。研究发现在寄主植物代谢物中,有 3 种糖醇(山梨醇、白坚木皮醇、肌醇)和 3 种糖类(葡萄糖、果糖、蔗糖)能刺激苹果蠹蛾雌蛾产卵,这 6 种化合物组成的混合物中缺少任意一种都将降低其对产卵的刺激作用,其中果糖、山梨醇和肌醇在混合物中的作用特别重要(Lombarkia et al.,2002)。进一步发现苹果叶片表面代谢物能抑制苹果蠹蛾产卵,而抑制作用的大小与植物叶片表面代谢物的多少及果糖和山梨醇的比例相关(Lombarkia et al.,2005)。

3.2.2　寄主植物气味对性信息素效应的影响

在昆虫繁殖行为中发挥重要作用的挥发性信息化合物包括寄主植物释放的挥发性气体和昆虫种内交配前释放的性信息素。尽管植物挥发性化合物主要指引昆虫找到合适的交配和产卵场所,而性信息素主要调控昆虫的求偶行为和种间生殖隔离。但在自然条件下,它们所起的调控作用常常同时发生(Landolt et al.,1997)。

寄主植物气味与苹果蠹蛾的性信息素存在协同效应。苹果蠹蛾的行为及信息通信受到寄主植物源气味的强烈影响,植物挥发物气味能作用于苹果蠹蛾雌蛾的神经系统和内分泌系统,刺激昆虫信息素的产生和释放,从而提高苹果蠹蛾雌蛾对雄蛾的性引诱反应(Landolt et al.,1997)。进一步研究发现苹果蠹蛾性信息素和植物挥发性气味共同调节了苹果蠹蛾的求偶交配行为,暗示了雄蛾对植物挥发物梨酯和性信息素的反映受相同的感觉通道调节,昆虫通过共同的感觉和神经通道接收和处理这些信号(Yang et al.,2015)。研究苹果果园中梨酯和性信息素 $E8$,$E10$-dodecadienol(Codlemone)对苹果蠹蛾的引诱作用时发现在性信息素引诱剂中加入 0.3～3 mg 梨酯能在未处理的果园中显著增加雌蛾的捕获数量,梨酯和性信息素以 1∶1 的比例结合使用则可诱捕到更多的受孕雌蛾(Knight et al.,2015)。寄主植物挥发物其他成分也能增强苹果蠹蛾对性信息素的反应,如在风洞试验中引起昆虫触角强烈反应的几种苹果挥发物的基础上,使用 racemiclinalool、E-β-farnesene 或 Z-3-hexen-1-ol 以 100 pg/min 的速率与 1 pg/min 的性信息素组成的混合物比单独的性信息素明显能引诱更多的雄蛾(分别为 60%、58%、56% 和 37%)。信息素和植物挥发物以 1∶100 的比例组成的混合物比以 1∶1 或 1∶10 000 的比例能引诱更多的雄蛾,而加入 2 种或 4 种最具活性的植物化合物并不比 Codlemone 加入单一植物化合物更具引诱力。性信息素诱捕器包含 1% 的 Z-3-hexenylacetate 比单独的性信息素诱捕器更具引诱力,能明显增加雄蛾的捕获量,相同的,在合成的苹果蠹蛾性信息素中加入植物绿叶类挥发物比单独的性信息素诱捕器能捕获更多的雌蛾(Yang et al.,2004)。

尽管已有大量试验证明植物气味挥发物能增强性信息素的引诱作用,但不同剂量的气味化合物与苹果蠹蛾性信息素 Codlemone 的组合效果有很大的特异性,气味化合物和 Codlemone 的最佳比例仍需要进一步测定。也正是由于寄主植物气味对苹果蠹蛾的引诱作用的存在,导致应用性信息素监测和防治苹果蠹蛾时,植物挥发性信息化合物作为背景信号物质,通常影响了性信息素对害虫的诱集效果,对性信息素的效应产生干扰,如当大量梨酯与性信息素混合时,对信息素的效应为拮抗作用,而将梨酯与性信息素分开装载并且间距在 10 cm 以上时,拮抗作用则消除(Coracini et al.,2003)。

3.2.3　寄主植物气味变化的影响因子

不同的寄主植物、寄主植物的不同发育阶段,甚至是同种植物的不同品种,其挥发性化合物的组分和含量不同。另外,苹果蠹蛾幼虫的危害、不同龄期幼虫的危害以及危害的时间长短均造成苹果释放的挥发性化合物的组分和含量的显著差异。如受苹果蠹蛾幼虫危害的成熟苹果果实和健康苹果果实所释放气体的组分虽大致相同,但释放量却发生了很大改变,受害苹果在受害的前 3 d 内的气体释放量远高于健康苹果,随后的 6~9 d 内释放量减少,9~21 d 后减少到健康苹果的释放量水平或更低;而被一龄幼虫危害后果实释放的挥发性气味总量最多,总体上高于其他虫龄幼虫危害的果实,也比人为机械损伤的果实释放的气味量要高(Hern et al.,2001)。在调查苹果蠹蛾幼虫危害苹果果实的过程中发现,早期受到危害的果实很快就凋落了,成熟果实则产生了大量的挥发性化合物,主要成分为酯类,以及少量醛类和萜烯类物质(如 α-farnesene),这些物质均在苹果蠹蛾雄蛾接近雌蛾时起作用(Dorn et al.,2002)。

3.2.4　寄主植物源化合物的应用及特点

许多蛀果害虫难以防治是因为它暴露的时间很短,大部分时间在果实内部受到果实的保护从而不受外部环境和众多外部控制因子的影响。由于植物源信息化合物具有调控害虫的寄主寻找行为、求偶交配行为及产卵行为等特性,因此,利用植物源信息化合物来监测苹果蠹蛾的发生和控制苹果蠹蛾的危害就成为应用技术研究的一个最终目标,目前梨酯是唯一已经商业化的苹果蠹蛾利他素。

梨酯作为苹果蠹蛾引诱剂,表现出强烈的种特异性、化学特异性和协同增加苹果蠹蛾性信息素引诱雌蛾的潜力。由于梨酯具备同时引诱苹果蠹蛾雌蛾和雄蛾的效应,因此可以使用梨酯作为苹果蠹蛾引诱剂来记录普通果园特别是性信息素迷向处理的果园中雌雄蛾的出现和迁飞模式(包括开始、高峰、密度和持续时间),而且利用这类信息素可以评估雌蛾出现、迁飞和交配活动,从而使梨酯成为监测苹果蠹蛾种群迁飞和交配产卵状态的一种有效工具,并可能成为直接控制苹果蠹蛾种群数量的一种新型武器(Who et al.,2003)。

在苹果蠹蛾监测试验中,梨酯被认为是一种新型苹果蠹蛾监测引诱剂。如将梨酯应用到果园,不仅显著减少苹果蠹蛾幼虫的危害,同时减少雌蛾多次交配的比率。梨酯诱捕相对于性信息素诱捕有一些自身的特点。使用梨酯诱芯诱捕器和性信息素诱芯诱捕器监测苹果蠹蛾在性信息素迷向处理果园的季节性迁飞时发现,诱捕的苹果蠹蛾雌蛾中超过 80%是通过梨酯诱捕器诱捕到的,利用这点还可以用来预测早期苹果蠹蛾卵孵化的时间。另外人工合成的苹果蠹蛾性信息素的使用剂量明显影响捕获到的成虫数量,而不同剂量的梨酯捕获的成虫数量却大致相同;但单独使用梨酯时的引诱效果比使用性信息素引诱剂更易受环境条件影响,如梨酯诱捕器在苹果蠹蛾种群高密度的果园中(每个诱捕器每季捕获量大于 20 头)和果实危害率高时效果不太理想(Knight et al.,2005)。

影响梨酯诱捕器捕获雄雌蛾差异的因素包括诱捕器高度、诱捕器颜色、梨酯诱捕器与性信息素诱捕器距离、诱捕器周围的枝叶、诱捕器规格、诱捕器周围受侵害果实情况等。置于树冠高处的诱捕器能捕获更多的雄蛾,诱捕器表面积较小时捕获的雄蛾明显比雌蛾多,未受损害苹果附近的诱捕器相比远离果实的诱捕器能捕获更多雌蛾,在树冠周围放置的诱捕器明显比树冠下或枝叶附近的诱捕器能捕获更多的雌蛾。若要有效监控苹果蠹蛾应该将这些因素标准化,而采取诱杀策略时应该包含能最大限度增加雌蛾捕获量的因素。野外试验中发现用梨酯诱捕器以 15 m 的间距放置时能捕获到最多数量的苹果蠹蛾,15~30 m 内的果实损害率明显减少,这说明梨酯具有较窄的活性范围(Knight et al.,2005)。

3.3 展望

在昆虫与植物长期协同进化的过程中,植食性昆虫利用寄主植物气味挥发物进行寻找寄主、交配通信和选择产卵场所等行为活动,寄主植物的挥发性信号是昆虫行为通信的必需媒介。苹果蠹蛾的各种行为活动都与植物挥发性气味密切相关,同时寄主植物挥发性气味能刺激苹果蠹蛾性信息素的产生和释放,并且植物源气味与性信息素存在协同增效或干扰效应,一些重要的植物气味化合物,如 alpha-farnesene,hexylhexanoate 和梨酯等都对苹果蠹蛾行为起到重要作用。

目前针对苹果蠹蛾的有害生物综合管理防治措施主要包括以性信息素为基础的迷向技术和成虫诱杀技术等,这些技术都能在某种程度上防治苹果蠹蛾,但也在一些方面相应地存在一些不足。如用性信息素监控苹果蠹蛾,只能对雄蛾行为产生影响,而不能影响雌蛾行为,而植物气味则对雌雄蛾都有影响,而植物挥发性气味是与昆虫行为密切相关的信号物质,如何将植物气味信号与苹果蠹蛾防治措施相结合,从而取得更好的防治效果,是值得继续深入研究的重要领域。

4 苹果蠹蛾性信息素监测与诱捕技术及应用

4.1 背景

苹果蠹蛾（*Cydia pomonella*），俗称苹果小卷蛾，苹果食心虫，异名有 *Laspey-resia pomonella*，*Carpocapsa pomonella*，*Grapholitha pomonella*，属鳞翅目（Lepi-doptera）小卷蛾科（Olethreutidae）（张学祖，1958），是仁果类水果的重要害虫之一，苹果蠹蛾所造成的经济损失和对外贸易壁垒，引起了政府部门的高度重视，已被确定为我国重要的对内对外检疫对象。

由于苹果蠹蛾以幼虫蛀果隐蔽为害，幼虫孵化后便很快蛀入果实，并且在开始蛀入时不吞下所咬下的碎屑，而将其排在蛀孔外；另一方面使用化学农药已引起苹果蠹蛾抗药性增加、食品安全和环境污染等问题，用性信息素监控苹果蠹蛾所具有的高效、无毒、专一性强、不伤害益虫、不污染环境等优点使此矛盾得以解决。因此，应用苹果蠹蛾雌性性信息素监控苹果蠹蛾成为国内外研究关注的重点。此外，对于检疫性害虫苹果蠹蛾，有效的监测技术不仅可以明确它的发生规律和种群动态，为正确地制订综合防治计划和措施打好基础，而且可以判断疫区范围和扩散途径。利用昆虫性信息素监测和控制这一新技术对有害昆虫进行管理，是保护环境、有效控制害虫的可行途径之一，逐渐取代了早期的诱饵诱捕器以及灯光诱捕器，成为害虫种群动态监测和防治的主要工具。

4.2 技术介绍

4.2.1 测报原理与技术

利用苹果蠹蛾性信息素对雄成虫的诱集作用，配合使用诱捕器，诱捕苹果蠹蛾成虫，并根据苹果蠹蛾发生规律及危害特征开展幼虫和其他特定虫态的调查。使用信息素测报诱捕器,根据诱蛾量的多少预测害虫的发生期、发生量、分布区和危害程度,为划分防治对象田和选择防治方法提供依据。

一般通常使用装有人工合成信息素诱芯的水盆或内壁涂以黏胶的纸质诱捕器,根据害虫的分布特点,选择具代表性的各种类型田,设置数个诱捕器,每天记录诱蛾数,掌握目标害虫的始见期、始盛期、高峰期和分布区域的范围大小,按虫情轻重采取一定的防治措施。

4.2.2 诱杀原理与技术

性信息素诱杀害虫技术是近年国家倡导的绿色防控技术,其原理是通过人工合成雌蛾在性成熟后释放出的一些称为性信息素的化学成分,吸引田间同种寻求交配的雄蛾,将其诱杀在诱捕器中,使雌虫失去交配的机会,不能有效地繁殖后代,减低后代种群数量而达到防治的目的。

4.3 应用要点

4.3.1 性信息素测报方法

(1)分布区监测:使用剂量为含 1.25 mg 性诱剂的诱芯,诱捕器密度一般较低,为 $0.03 \sim 1$ 个/hm^2,诱捕器的密度过高,对雄虫会产生迷向作用,反而会降低诱捕效果。发生期和发生量的测报:利用诱捕器的诱蛾量与田间蛾量成线性关系,通过试验和统计制定出蛾量的防治阈值,当诱捕器的诱蛾量超过防治阈值时,即应采取适当的措施进行防治。用于测报时,诱捕器的密度一般为 1 个/hm^2。

(2)成虫监测时期为每年的 4 月中旬至 10 月中旬。当日均气温连续 5 d 达到 10 ℃(越冬幼虫化蛹的起始温度)以上时开始安放诱捕器;当秋季日平均气温连续 5 d 在 10 ℃以下时,停止当年的监测。

(3)诱芯性信息素纯度为 97%,载体由硅橡胶制成,形状中空,每个诱芯性信息素的含量 1 mg。成品诱芯应统一放置在密封的塑料袋内,保存于 $1 \sim 5$ ℃的冰箱中,保存时间不超过 1 年。

(4)含有诱芯的诱捕器放置高度距地面 2 m 左右,一般不低于 1.5 m。

(5)每个监测点含有一组诱捕器(3~5 个)。诱捕器选用三角形胶黏诱捕器或水盆诱捕器等。

(6)在整个监测期间,工作人员每周对诱捕器的诱捕情况进行检查,记录调查结果。同时对诱捕器进行必要的维护,一旦发现诱捕器出现损坏或丢失的状况,应立即进行更换并做好相应记录。诱捕器的诱芯每月更换 1 次,黏虫胶板每 2 周更换 1 次,更换下的废旧诱芯和胶板集中进行销毁。水盆诱捕器要及时更新补充水及黏着剂。

4.3.2　性信息素诱杀方法

(1)采用大量诱捕法时,诱捕器密度为 30~50 个/hm²,可有效地降低苹果蠹蛾的危害。

(2)以防治害虫为目的的诱芯放置密度,一般间隔 20~25 m 放置 1 个诱捕器,果树密度大、枝叶茂密的果园放置宜密一些,反之,果树密度较小的果园放置间隔可适当远一些。每亩地可放置 3~5 个诱捕器。

(3)诱芯的放置时间:可根据不同诱杀对象田间为害世代和为害程度确定放置的时间。性诱剂使用可从 4 月中旬至 10 月中旬。苹果蠹蛾可根据每年发生的时期放置,成虫主要发生期,是利用诱芯防治的主要时期。

(4)诱捕器悬挂的高度以诱芯距地面 1.5~2 m 为宜,一般不低于 1.5 m。

(5)诱捕器的诱芯每月更换 1 次,如使用黏虫胶板每 2 周更换 1 次,更换下的废旧诱芯和胶板集中进行销毁。如用水盆诱捕器要及时更新补充水及黏着剂。

(6)需大面积连片使用,使用性诱芯防治害虫可以减少化学农药的使用次数,但不能完全依赖性诱芯,应与化学防治相结合。

4.4　应用案例

4.4.1　苹果蠹蛾性信息素田间应用技术研究

时间地点:2008 年,甘肃张掖市小满乡部队苹果园。

产品规格:(1)诱捕器　三角式诱捕器采用 PVC 板制成中空等边三棱形诱捕器(横向截面为边长 13.5 cm 的等边三角形,棱长 2.0 cm),诱捕器的底边涂有黏虫胶,诱芯通过铁丝悬挂于诱捕器内部,距黏虫板 1.0 cm 左右。翼式诱捕器由西安狄寨昆虫诱捕器材厂生产,质地 PVC 板,长 25.0 cm,宽 20.0 cm 边缘内折成中部中空的长方体,两端留有 20.0 cm×8.0 cm 的开口,内挂诱芯,底部涂有黏虫胶。水盆式诱捕器采用市售塑料水盆,内口径 24.0 cm,深约 10.0 cm,内盛 3/4 水,水中加少量洗衣粉,诱芯用细铁丝悬挂于水盆圆心上方,距盆内水面 1.0 cm。圆筒式诱捕器:购自西安狄寨昆虫诱捕器材厂,纸质,底部直径 10.0 cm,两端小孔直径 4.0 cm,高 17.0 cm,空心圆柱体,外壁涂有防水蜡质材料,内壁涂黏虫胶,诱芯悬挂在诱捕器的内部中央。

(2)标准诱芯 购自中国科学院动物研究所,其载体为黑色橡皮塞,性信息素含量为每诱芯 1 mg。空白诱芯购自西安狄寨昆虫诱捕器材厂,用溶剂二氯甲烷浸泡后晾干。不同含量及纯度试验所用诱芯由西北农林科技大学无公害农药研究与服务中心实验室合成并研制。诱芯中的有效成分为 $E8,E10$-十二碳二烯-1-醇。

制作方法:将合成的性信息素化合物配制成质量浓度为 1 mg/mL 的二氯甲烷溶液,按所需剂量将溶液用微量进样器加到空白诱芯的凹槽中,待溶液渗入完全即可。用聚乙烯自封袋密封保存,置于冰箱内备用。

使用方法:不同诱捕器类型诱捕效果比较试验在早酥梨园开展,其他研究均在苹果园进行。试验时,每 2 个诱捕器之间距离约 20.0 m,所有诱捕器随机均匀分布于果园。自试验开始之日起,每隔 3 d 调查 1 次,记录各诱捕器捕获苹果蠹蛾雄蛾的数量,同时清理诱捕器内的其他昆虫等杂物。随机交换诱捕器,以减少悬挂位置的影响。为保证诱芯效果及黏胶质量,每隔 3 周更换 1 次诱芯与黏虫胶。

不同类型诱捕器诱捕效果的比较:以标准诱芯为供试诱芯,采用飞翼式诱捕器、三角式诱捕器、水盆式诱捕器及圆筒式诱捕器进行试验。每处理设 6 次重复。

诱捕器悬挂高度对诱捕效果的影响:以标准诱芯为供试诱芯,参考寄主植物的植株高度,设置 5 个处理,诱捕器分别悬挂在距地约 1、2、3、4、5 m(在与树顶端几乎平齐处用竹竿悬挂诱捕器)树枝处,每处理设 3 次重复。

诱芯中性信息素剂量对诱捕效果的影响:采用空白诱芯,加入本实验室合成纯度为 96% 的性信息素,制成性信息素含量分别为 0.25、0.50、0.75、1.00、1.50、2.00 mg/诱芯的 6 种不同剂量诱芯进行试验,每处理设 4 个重复。

诱芯中性信息素纯度对诱捕效果的影响:采用本实验室合成的 14%、35%、51%、75% 和 98% 5 种不同纯度的化合物制备诱芯,经 GC-MS 分析,化合物中所含杂质有三苯氧膦、非挥发性的高级脂肪烃和少量 $E8,Z10$-十二碳二烯-1-醇异构体。制备诱芯时,计算使得每诱芯含性信息素有效成分为 1.00 mg,进行性信息素纯度对诱蛾效果的影响试验,每处理设 4 次重复。

使用效果:不同类型诱捕器对苹果蠹蛾雄蛾的诱捕效果有明显差异,其中飞翼式、三角式诱捕器的诱捕效果比圆筒式和水盆式诱捕器好。在整个试验期间,前二者的平均诱蛾量均超过 12 头/诱捕器,极显著高于圆筒式、水盆式诱捕器。4 种诱捕器的诱捕效果为:飞翼式>三角式>水盆式>圆筒式(表 4-1)。

不同悬挂高度诱捕器的诱蛾效果差异明显(表 4-2),距地高度为 4 m 和 3 m

处理的诱捕效果相当,均极显著优于其他 3 个处理;距地高度为 2 m 处理的诱捕效果极显著优于距地高度为 1 m 和 5 m 的处理;5 种处理中,以距地高度为 1 m 和 5 m 处理的诱捕效果最差。

表 4-1　不同类型诱捕器对苹果蠹蛾雄蛾诱捕效果的影响

诱捕器类型	诱蛾总量/(头/处理)	诱蛾量均值/(头/诱捕器)	诱捕器类型	诱蛾总量/(头/处理)	诱蛾量均值/(头/诱捕器)
飞翼式	85	14.17±1.22 aA	水盆式	49	8.17±1.07 bB
三角式	74	12.33±2.01 aA	圆筒式	15	2.50±0.16 cC

表 4-2　诱捕器悬挂高度对苹果蠹蛾雄蛾诱捕效果的影响

诱捕器悬挂高度/m	诱蛾总量/(头/处理)	诱蛾量均值/(头/诱捕器)	诱捕器悬挂高度/m	诱蛾总量/(头/处理)	诱蛾量均值/(头/诱捕器)
5	19	6.33±0.93 cC	2	79	26.33±0.89 bB
4	133	43.33±2.60 aA	1	16	5.33±0.88 cC
3	124	41.33±1.45 aA			

在整个诱捕试验期间,含不同剂量性信息素的诱芯对苹果蠹蛾雄蛾的诱捕效果影响显著,其中以 0.50 mg/诱芯和 0.75 mg/诱芯处理诱捕效果较好,在整个试验期间诱蛾总量均在 100 头以上,但是 0.5～1.0 mg/诱芯间的诱捕效果差异不显著。0.5～1.0 mg/诱芯处理的诱捕效果极显著优于 1.50 和 2.00 mg/诱芯,剂量高于 1.50 mg/诱芯时,诱捕量极显著降低(表 4-3)。

表 4-3　诱芯中性信息素剂量对苹果蠹蛾雄蛾诱捕效果的影响

性信息素剂量/(mg/诱芯)	诱蛾总量/(头/处理)	诱蛾量均值/(头/诱捕器)	性信息素剂量/(mg/诱芯)	诱蛾总量/(头/处理)	诱蛾量均值/(头/诱捕器)
0.25	77	19.25±4.2 bB	1.00	83	20.75±2.70 aA
0.50	109	27.25±2.10 aA	1.50	26	6.50±1.30 cC
0.75	115	28.75±3.60 aA	2.00	11	2.75±0.30 cC

不同纯度性信息素制备的诱芯对苹果蠹蛾雄蛾的诱捕效果见表 4-4。可以看出,在 1.00 mg/诱芯的剂量下,纯度为 75% 的处理诱捕效果最好,在整个试验期间诱蛾总量达 121 头,但与纯度为 98% 处理的诱捕效果差异不显著;纯度为 75% 和 98% 处理的诱捕效果均极显著优于纯度为 14%、35%、51% 的处理;纯度为 14% 的处理诱捕效果最差,与其他处理间差异达极显著水平。

表 4-4　性信息素纯度对苹果蠹蛾雄蛾诱捕效果的影响

性信息素纯度/%	诱蛾总量/(头/处理)	诱蛾量均值/(头/诱捕器)	性信息素纯度/%	诱蛾总量/(头/处理)	诱蛾量均值/(头/诱捕器)
98	83	20.75±2.70 aA	35	32	8.00±1.21 bB
75	121	30.25±2.60 aA	14	17	4.25±0.24 cC
51	54	13.50±1.34 bB			

完成单位及人员：西北农林科技大学（张涛，冯俊涛，张兴）、陕西省生物农药工程技术研究中心（赵江华）。

4.4.2　苹果蠹蛾性信息素诱捕器田间诱捕效应影响因子

时间地点：2008 年，甘肃省酒泉市肃州区果园乡梨园。

产品规格：性信息素诱芯购于中国科学院动物研究所，载体为棕红色和蓝色橡胶塞，每个塞中注入约 0.25 mg 性引诱剂（主要成分为 E-8, E-10-dodecadien-1-ol）。除诱芯颜色比较试验外，其余所用诱芯均为蓝色。

使用方法：(1)诱捕器类型影响的处理设置　水瓶式和三角形两种。三角形诱捕器购于北京中捷四方科贸有限公司，三面均为相同的钙塑材料，规格 25 cm×18 cm。水瓶式诱捕器是由容量为 550 mL 的废弃白色矿泉水瓶改制而成，在瓶的上部剪出 3 个间距相等的小洞，水瓶内注 0.1%洗衣粉＋50%汽车防冻液的水溶液至距洞口 1～2 cm 处，诱芯用铁丝固定于瓶盖上距水面上方 1～1.5 cm。

(2)诱捕器颜色影响的处理设置　白色、绿色和蓝色 3 种水瓶式诱捕器，诱捕器均悬挂于树冠中部。诱捕器悬挂位置：白色水瓶式诱捕器的悬挂位置分 2 种，即在梨树树冠中部和上部。前者距地面约 2.5 m，后者约 3.5 m。

试验在甘肃省酒泉市肃州区果园乡梨园进行，树龄平均 20 年，株距 3.5 m，行距 5 m。时间为 2008 年苹果蠹蛾越冬代成虫高峰期（5月 8—15 日）和第一代成虫高峰期（7月 3—9 日）。按上述对处理的设置要求，在梨树树冠外部侧枝上挂置诱捕器，间距至少 15 m，每天上午检查一次各诱捕器的诱蛾数量，及时清理诱捕器内的昆虫和杂物，并添加减少的水；三角形诱捕器每 10 d 左右更换黏虫板。每 3 d 变换一次诱捕器的位置，以减少由于果园中虫口密度不同造成的误差。每种处理使用 5 个诱捕器，即 5 次重复。

使用效果：在性信息素诱芯、诱捕器类型和悬挂部位一致的条件下，诱捕器颜色对诱捕苹果蠹蛾雄性数量有显著影响。在越冬代和第一代成虫高峰期，白色和绿色诱捕器日平均诱捕雄蛾量显著高于蓝色诱捕器，而前两者的诱捕效果间差异不显著；白色、绿色和蓝色诱捕器的单日平均最高诱捕量分别为 3 头、4 头和 3 头（表 4-5）。

表 4-5　不同颜色诱捕器诱捕苹果蠹蛾雄蛾的日平均数量　　　　头

诱捕器颜色	每诱捕器日平均诱蛾量	
	越冬代	第1代
白色	1.14±0.30 a	0.91±0.16 a
绿色	1.29±0.46 a	0.86±0.36 a
蓝色	0.54±0.22 b	0.40±0.20 b

在越冬代和第一代成虫高峰期,三角形诱捕器诱蛾量稍高于水瓶式诱捕器,但差异不显著;水瓶式和三角形诱捕器单日平均诱芯的最高诱捕量分别为 3 头和 4 头(表 4-6)。

表 4-6　不同诱捕器类型诱捕苹果蠹蛾雄蛾的日平均数量　　　　头

诱捕器类型	每诱捕器日平均诱蛾量	
	越冬代	第1代
水瓶式	1.14±0.30 a	0.91±0.16 a
三角形	1.37±0.48 a	1.09±0.32 a

诱捕器在树冠内的悬挂位置对诱捕苹果蠹蛾效果的影响(表 4-7)表明,在越冬代和第一代成虫高峰期,诱捕器在梨树树冠中的位置显著影响诱捕苹果蠹蛾雄蛾的效果,放置于树冠中部的诱捕器平均诱蛾量为树冠上部诱捕器的 2 倍左右;两者的单日最高诱捕量均为 3 头。

表 4-7　不同悬挂部位的诱捕器诱捕苹果蠹蛾雄蛾的日平均数量　　　　头

诱捕器悬挂高度	每诱捕器日平均诱蛾量	
	越冬代	第1代
树冠中部	1.14±0.30 a	0.91±0.16 a
树冠上部	0.57±0.27 b	0.49±0.30 b

性信息素诱芯颜色对诱捕苹果蠹蛾效果的影响(表 4-8)结果表明,在越冬代和第一代成虫高峰期,蓝色和红色诱芯诱捕器的诱蛾量间不存在显著差异,两者的单日最高诱捕量分别为 3 头和 5 头。

表 4-8　不同诱芯颜色的诱捕器诱捕苹果蠹蛾雄蛾的日平均数量　　　　头

诱芯颜色	每诱捕器日平均诱蛾量	
	越冬代	第1代
红色	1.14±0.30 a	0.91±0.16 a
蓝色	1.03±0.27 b	0.74±0.77 b

性信息素诱芯数量对诱捕苹果蠹蛾效果的影响结果显示,在越冬代和第一代成虫高峰期,单诱芯和双诱芯(双诱芯指一个诱捕器中含有 2 个诱芯)诱捕器的诱蛾量间不存在显著差异,两者的单日最高诱捕量分别为 3 头和 4 头。相同诱芯的诱捕器在两世代间的诱蛾量同样不存在显著差异(表 4-9)。

表 4-9   不同诱芯剂量的诱捕器诱捕苹果蠹蛾雄蛾的日平均数量   头

诱芯数量	每诱捕器日平均诱蛾量	
	越冬代	第 1 代
单诱芯	1.14±0.30 a	0.91±0.16 a
双诱芯	1.31±0.51 b	1.00±0.31 b

完成单位及人员:中国农业科学院植物保护研究所(刘万学,张桂芬,万方浩)、山东农业大学植物保护学院(徐洪富,翟小伟)、甘肃省植保植检站(蒲崇建)。

4.4.3 苹果蠹蛾不同防治方法的控害效应

时间地点:2009 年,甘肃省酒泉市肃州区果园乡的酒泉市农业科学研究所的苹果园。

产品规格:性信息素诱芯购于中国科学院动物研究所,载体为蓝色的橡胶塞,内含约 0.25 mg 性引诱剂(主要成分为 $E\text{-}8,E\text{-}10\text{-}odecadien\text{-}1\text{-}ol$)。诱捕器为水瓶式诱捕器,用废弃的 550 mL 白色矿泉水瓶改制而成。在瓶的上部环剪间距相等的 3 个长方形小孔(长 4 cm×高 2 cm)以利诱集时苹果蠹蛾成虫穿行,水瓶内装水(含 0.1% 洗衣粉和 50% 汽车防冻液)距孔口 1～2 cm,诱芯用铁丝垂直固定于瓶盖上并距水面 1～1.5 cm。

使用方法:(1)性信息素诱捕区   诱捕器悬挂于距离地面约 3 m 的果树侧枝上,每 2 个诱捕器之间相距约 15 m,共放置 8 个诱捕器。每 2 d 记录各诱捕器的诱蛾数量,及时清理诱捕器内杂物并加水。每 30 d 左右更换 1 次诱芯。

(2)性信息素迷向区   在越冬代、第 1 代和第 2 代成虫始发期悬挂性信息素诱芯。诱芯以细铁丝系在树冠上部 1/3 的小枝上,2 枚诱芯之间相距约 1 m,平均每株果树悬挂 4 枚。

(3)化学防治区   在苹果蠹蛾发生期的 5 月下旬、6 月下旬、7 月下旬,分别采用高射程机动喷雾器喷施 3% 高渗苯氧威 EC 1 500 倍液防治苹果蠹蛾各 1 次。

(4)对照区   不采用任何针对苹果蠹蛾的防治措施。

调查方法:用活雌蛾诱捕器诱捕苹果蠹蛾雄蛾的数量在各代成虫盛发期,分别在诱捕区、迷向区、化学防治区和对照区内各悬挂 3 个羽化 2～3 d 的处女雌蛾诱捕器,诱捕器悬挂在树冠上部 1/3 的侧枝上,2 个诱捕器之间相距至少 15 m。每天检查各诱捕器的诱蛾数量,2～3 d 后更换不具诱捕能力的笼装活雌蛾。诱蛾试验在越冬代和第 1 代成虫盛发期间各进行 5 d。计算诱捕区雄蛾种群数量减少率。

$$雄蛾种群数量减少率 = \frac{对照区平均诱蛾量 - 处理区平均诱蛾量}{对照区平均诱蛾量} \times 100\%$$

苹果蠹蛾幼虫对苹果果实的危害情况:在各代幼虫为害盛末期分别调查诱捕区、迷向区、化学防治区和对照区的苹果树果实受害情况。每 3～4 株取样 1 株,每株分上中下 3 层,每层分东、南、西和北 4 个方位,每个方位随机调查 10 个果实,并以蛀孔或咬痕记载其受害情况。

使用效果:用活雌蛾诱捕器诱捕的苹果蠹蛾雄蛾数量结果显示,越冬代成虫高峰期,诱捕区和化学防治区雄蛾数量分别比对照区减少 20.0% 和 40.0%,前者不具显著差异,而后者有显著差异;迷向区的雄蛾数量比对照区增加了 40.0%。在第 1 代成虫盛发期,诱捕区、化学防治区和迷向区的雄蛾分别比对照区减少 37.5%、50.0% 和 75.0%(表 4-10)。

表 4-10　用活雌蛾诱捕器诱捕的苹果蠹蛾雄蛾数量　　　　　　　　　头

世代	每诱捕器的日平均诱蛾量			
	诱捕区	迷向区	化学防治区	对照区
越冬代	0.80±0.26	1.40±0.11	0.60±0.18	1.00±0.14
第 1 代	1.00±0.20	0.40±0.11	0.80±0.17	1.60±0.18

苹果蠹蛾幼虫对苹果果实的蛀果率结果显示,在第 1 代幼虫危害盛末期,诱捕区的蛀果率与对照区差异不显著,仅下降 15.5%;而迷向区和化学防治区的蛀果率相当,均比对照降低了 69.4%,存在显著差异(表 4-11)。在第 2 代幼虫危害盛末期,诱捕区的蛀果率与对照区差异不显著,仅下降 14.1%;而迷向区和化学防治区的蛀果率比对照区分别下降 71.8% 和 68.8%,均存在显著差异,但迷向区和化学防治区的蛀果率不存在显著差异。

表 4-11　苹果蠹蛾幼虫对苹果果实的平均蛀果率　　　　　　　　　%

世代	蛀果率			
	诱捕区	迷向区	化学防治区	对照区
第 1 代	2.29±0.23 a	0.83±0.20 b	0.83±0.25 b	2.71±0.29 a
第 2 代	5.73±0.41 a	1.88±0.31 b	2.08±0.32 b	6.67±0.44 a

注:同行数据后不同小写字母表示差异显著($P < 0.05$)。

完成单位及人员:中国农业科学院植物保护研究所(刘万学,张桂芬,万方浩)、山东农业大学植物保护学院(翟小伟)。

4.4.4　新疆伊犁地区苹果蠹蛾性信息素监测效果

时间地点:2013 年,新疆维吾尔自治区伊犁哈萨克自治州察布查尔锡伯自治县加尕斯台乡。

产品规格:苹果蠹蛾性信息素诱芯、三角板型诱捕器和黏虫胶板、铁丝均由北京中捷四方生物科技有限公司提供。

使用方法:试验区设 4 个性信息素诱捕器监测区和 2 个对照区。每个监测区相距 5 km 以上,分别为:A,2 村 2 组,面积 1.67 hm²;B,2 村 5 组,面积 1.33 hm²;C,1 村 3 组,面积 1.67 hm²;D,3 村 1 组,面积 2.00 hm²。对照区与监测区相距 10 km 以上,分别为:E,2 村 3 组,面积 1.67 hm²;F,1 村 2 组,面积 1.67 hm²。试验区 C、D、F 管理较好,虫果清理较为及时,F 为对照;试验区 A、B、E 管理较为粗放,E 为对照。

田间诱捕试验 2013 年 5 月 10 日至 10 月 10 日进行监测试验。每个试验区随机均匀分布 5 个诱捕器,之间相距约 20 m,设置在树冠外侧背阴通风处,悬挂高度为 1.5～2 m。诱芯距黏虫板 1 cm,在成虫羽化前 3～5 d 挂出诱捕器。每 10 d 更换 1 次诱芯。对照区仅挂设不含性信息素诱芯的诱捕器,同时也进行蛀果率及多因子调查。

调查方法:诱捕监测期间每 2 d 检查 1 次诱捕器,记录各诱捕器捕获苹果蠹蛾成虫的数量,同时清理诱捕器内的昆虫及植物残落物。

蛀果率调查:分别在苹果蠹蛾幼虫蛀果高峰期的 5 月 2 日、6 月 11 日和 7 月 8 日对所有试验区进行 1 次蛀果率调查。在每个试验区的果园内设置 0.2 hm² 的标准地,采取对角线取样法抽取 10 株样树,按不同方向不同高度在每株上选定样果 10 个,总计 100 个,调查蛀果率。不同试验区苹果蠹蛾幼虫蛀果率为 3 次调查结果的平均数。

使用效果:性信息素监测的有效性。监测试验区诱捕苹果蠹蛾成虫数量远大于对照区。管理较为粗放的监测区 A、B 的诱捕量分别是对照区 E 的 30 倍和 40 倍,管理良好的监测区 C、D 的诱捕量分别是对照区 F 的 21 倍和 11 倍,监测区均与对照区差异极显著($P < 0.01$)。在管理较为粗放试验区的成虫诱捕量明显高于管理良好的试验区,说明粗放管理可能有利于苹果蠹蛾的发生危害;同时说明试验所用性信息素诱捕器对成虫具有良好的诱捕效果(表 4-12)。

表 4-12　用活雌蛾诱捕器诱捕的苹果蠹蛾雄蛾数量

试验区	管理水平	诱捕器数量/个	累计诱蛾量/头	日平均诱捕量	日诱捕最大值	蛀果率/%
检测区 A	粗放	5	622	1.16±0.17	6.0	25.0
检测区 B		5	828	2.14±0.19	7.0	20.0
检测区 E		5	21	0.06±0.01	0.2	30.0
检测区 C	良好	5	397	1.03±0.11	3.6	16.0
检测区 D		5	201	0.52±0.05	2.0	14.0
检测区 F		5	19	0.05±0.01	0.6	26.0

对照试验区 E、F 的蛀果率均大于各监测区,表明苹果蠹蛾性信息素诱捕器对苹果蠹蛾雄性成虫有一定的诱捕效果,可大大降低虫口密度,减少蛀果率,提升果品品质,提高经济效益。而管理粗放的监测区 A、B 和对照区 E 的蛀果率均分别大于管理良好的监测区 C、D 和对照区 F;将管理粗放的 A、B 任意一区与管理良好的 C、D 任意一区进行方差分析,结果显示 A、B 任意一区成虫捕获量均显著大于 C、D($P<0.01$)。由此可知,在管理水平低、害果不及时清理的果园苹果蠹蛾发生更为严重。

完成单位及人员:国家林业局森林病虫害防治总站(于治军,李硕,张旭,周艳涛)、新疆维吾尔自治区林业有害生物防治检疫局(刘忠军,阿里玛斯)。

4.4.5　5 种引诱剂田间诱捕苹果蠹蛾效果

时间地点:2011 年,新疆农业大学校园明德路、中心花园、明德南路、实验楼前面、试验田等相对独立的不同地块。

产品规格:5 种苹果蠹蛾引诱剂分别是进口型(加拿大 Pherotech 的产品)、普通型(诱芯只含苹果蠹蛾性诱剂,剂量 0.1 mg)、聚集型(梨味剂,剂量 8 mg)、"聚集+性诱"型[V(聚集激素):V(性诱剂)=80:1]、加强型(性诱剂含量是普通型的 2 倍)。诱捕器采用三角胶黏式,由北京中捷四方生物科技有限公司提供。

使用方法:共设置诱捕器 43 只,其中进口型性诱芯 6 只、"聚集+性诱"型诱芯 9 只、普通型诱芯 9 只、聚集型诱芯 9 只、加强型诱芯 10 只。为保证每个试验的相对独立,每试验地挂 1 种诱芯,根据实际情况,诱捕器行状排列,诱捕器距离地面高度为 1.7~2.5 m,相邻 2 个诱捕器间距约 9 m。每隔 30 d 更换 1 次诱芯和黏虫板。试验期间,每隔 1 d 上午检查 1 次诱捕器,记录各诱捕器捕获的苹果蠹蛾数量,同时清理诱捕器内昆虫及植物残落物。

调查方法:2008 年 7 月 12 日至 8 月 11 日期间,每隔 10、20、30 d 更换 1 次"聚集＋性诱"型、普通型、聚集型、加强型等 4 种诱芯和黏虫板,每种诱剂共 9 只诱捕器,每 3 只诱捕器为 1 组,共 3 组(第 1 组 3 只诱捕器的诱芯和黏虫板 10 d 换 1 次,第 2 组 3 只诱捕器的诱芯和黏虫板 20 d 换 1 次,第 3 组 3 只诱捕器的诱芯和黏虫板 30 d 换 1 次),检查方法同前。

使用效果:加强型性诱剂诱捕效果最好,整个监测期间平均诱捕的总虫数为每只 163.7 头,每 2 d 平均引诱数量为每只 2.48 头,最高引诱数量加强型最多为每只 30 头。"聚集＋性诱"型次之,进口型性诱剂引诱效果最差。从平均最高引诱头数来看,"聚集＋诱剂"型的最好,平均最高引诱数量为 11.88 头,加强型次之,平均最高引诱数量为 10.5 头,其余引诱剂效果较差。

对表 4-13 中的每 2 d 平均诱捕虫数数据进行单因素方差分析,结果 $F=24.19>F_{0.01}=3.86$,可见 5 种不同类型诱剂对苹果蠹蛾田间的诱捕效果有极显著差异。SSR 和 LSR 值多重比较可知,加强型性诱剂引诱效果最好,极显著优于其他 4 种引诱剂的诱捕效果。聚集型和"聚集＋性诱"型的引诱效果次之,两者之间无显著差异。进口型和普通型的引诱效果较差,尤以进口型效果最差,仅是加强型引诱效果的 1/25。

表 4-13　5 种引诱剂对苹果蠹蛾诱捕效果

引诱剂	诱捕器数/个	累计诱蛾数/头	诱捕平均总虫数/头	每 2 日平均诱捕虫数/头	最高诱捕虫数/头	平均最高诱捕虫数/头
进口型	6	40	6.7	0.10 D	3	1.80
"聚集＋性诱"型	9	436	48.4	0.73 B	21	11.88
普通型	9	227	25.2	0.38 C	8	5.60
聚集型	9	483	53.7	0.81 B	9	3.67
加强型	10	1 637	163.7	2.48 A	30	10.50

对表 4-14 中诱芯不同更新周期试验的数据进行单因素方差分析,结果 $F=3.471<F_{0.05}=3.48$。诱芯更换周期对引诱效果的影响结果表明,诱芯 10、20、30 d 等更换周期之间没有显著差异。即诱芯的更换周期对引诱效果的影响并不明显,为此,建议每 30 d 更换 1 次诱芯(表 4-14)。

黏虫板更换周期对引诱效果的影响比较大,随黏虫板更换时间的延长,平均每 2 d 引诱的虫头数量有减少的趋势。对黏虫板不同更换周期试验的数据(表 4-14)

进行单因素方差分析,结果 $F=6.29>F_{0.01}=5.99$,可见黏虫板更换周期对引诱剂的引诱效果之间有显著差异。对其用 SSR 和 LSR 值多重比较可知,每 10 d 更换 1 次黏虫板的诱捕效果最好。可见新疆夏季的高温、干旱、浮尘、刮风的天气过程直接影响黏虫胶的黏性,从而降低诱捕效果。

表 4-14　诱芯更换周期对苹果蠹蛾诱捕效果的影响

引诱剂	诱芯更换周期			引诱剂	黏虫板更换周期		
	10 d	20 d	30 d		10 d	20 d	30 d
"聚集+性诱"型	0.60	0.93	0.46	"聚集+性诱"型	0.40 a	0.27 b	0.17 c
普通型	0.20	0.20	0.04	普通型	0.27 a	0.20 b	0.17 b
聚集型	0.94	1.17	2.60	聚集型	1.60 a	0.33 c	0.88 b
加强型	1.60	3.60	2.70	加强型	4.20 a	4.13 a	3.70 b

完成单位及人员:新疆农业大学林学与园艺学院(阿地力·沙塔尔,牛天翔,阿马努拉)、北京市林业保护站(陶万强)、新疆林业科学院森林生态与保护研究所(张新平,岳朝阳)、北京中捷四方生物科技有限公司(马四国)。

4.4.6　两种苹果蠹蛾性引诱剂诱捕器诱捕效率

时间地点:2005 年,甘肃省高台县正远园艺场。

产品规格:试验所用诱芯由中国科学院动物研究所提供,其载体为棕红色橡皮塞,每个橡皮塞中注入约 1 mg 的苹果蠹蛾性引诱剂(其主要成分为反,反 8,反 10-十二碳二烯-1-醇,纯度约 97%)。试验用诱捕器为 2 种类型:①水盆式诱捕器。水盆选用普通的塑料盆,盆面直径约 30 cm,深度为 10 cm,整个水盆通过 3 根铁丝悬挂于相应设置位置,诱芯悬挂于水盆中央上方,距水面 1~2 cm。②三角胶黏式诱捕器。由白色塑料板制成,其横向截面为底边长 13.5 cm,腰长 12.5 cm 的等腰三角形,其纵向长度为 25 cm。诱捕器侧面近顶端开有 2 个小孔以供拴放诱芯,诱捕器内部地面放置 1 片 13.5 cm×25 cm 的黏虫板,整个诱捕器通过铁丝悬挂于相应设置位置,诱芯距黏虫板 1 cm。

使用方法:在整个试验果园中共设置诱捕器 60 只,其中水盆式诱捕器和胶黏式诱捕器各 30 只,由南向北排列为 6 行(共 10 列)。相邻两诱捕器间距约 30 m,水盆式和胶黏式诱捕器按 1:1 比例完全交错排列。诱捕器距离地面高度为 1.5 m。

调查方法：在 2005 年 6 月 24 日至 9 月 24 日期间，每隔 2 d 在上午检查 1 次诱捕器，记录各诱捕器捕获雄性苹果蠹蛾成虫的数量，同时清理诱捕器内的昆虫及植物残落物。为保证诱芯效果、水盆水量和黏胶质量，每隔 3 周更换 1 次诱芯，每隔 3～5 d 给水盆式诱捕器加水，每隔 4～5 周为黏虫板更换 1 次黏虫胶。

使用效果：整个试验持续时间为 92 d，此期间三角胶黏诱捕器平均日诱捕虫数为 2.50 只，水盆式诱捕器平均日诱捕量为 0.88 只，由于单样本 Kolmogorov-Smirnov 检验结果显示，两类诱捕器的诱捕结果均符合正态分布，故采用 2 个独立样本 t 检验方法对数据进行分析。结果显示 $t=3.130$，显著性水平概率 $P=0.004<0.05$，可见 2 种诱捕器在捕获数量上差异显著。

在相同监测环境中，成虫出现高峰期间胶黏式诱捕器捕获雄虫的数量为水盆式诱捕器的 4～4.2 倍。而在整个诱捕期间，单位诱捕数量落差最大可达 11 倍。由此可见，在苹果蠹蛾种群密度相对较低，个体零星出现的条件下，三角胶黏式诱捕器监测结果具有更高的敏感性。

完成单位及人员：中国科学院动物研究所（张润志，杜磊），甘肃省植保植检站（蒲崇建，贾迎春）。

5 苹果蠹蛾性迷向技术

5.1 背景

苹果蠹蛾(*Cydia pomonella*（L.）)是重要的果树害虫和检疫对象。20 世纪 50 年代,我国首次在新疆发现苹果蠹蛾。目前已扩散至新疆全区,甘肃西部的酒泉市、嘉峪关市和张掖市,但是随着交通和旅游的发展,苹果蠹蛾很可能进一步向我国的东部地区扩张,并在东部定居下来,将给我国水果生产和销售带来毁灭性的灾难。

苹果蠹蛾以幼虫蛀果为害,幼虫孵化后便很快蛀入果实内部,并且在开始蛀入时不吞下所咬下的碎屑,而将其排在蛀孔外;另一方面使用化学农药已引起苹果蠹蛾抗药性增加、环境污染和食品安全等问题。因此,应用苹果蠹蛾雌性性信息素监控苹果蠹蛾成为国内外研究关注的重点。国外在应用苹果蠹蛾性信息素进行迷向,取得了较好的效果。

5.2 技术介绍

干扰交配,俗称"迷向法",就是在果园里普遍设置性信息素散发器,使整个果园空间都弥漫性信息素的气味,影响雄虫对雌虫的定向寻找,或是使雄虫的触角长时间接触高浓度的性信息素而处于麻痹状态,失去对雌虫召唤的反应能力,以至于雌雄交配概率大为降低或阻碍雌雄交配,中断种群繁殖,从而使下一代虫口密度急剧下降,达到控制害虫危害的目的。

在国外,干扰交配是用信息素防治害虫的主要方法。苹果蠹蛾的迷向商业配剂主要为 *E*-8,*E*-10-dodecadien-1-ol 或者是与 dodecan-1-ol 和 tetradecan-1-ol 相结合,每公顷放置 500~1 000 个诱芯,即可取得较好的防治效果(McDonough et al.,1992;Pfeiffer et al.,1993)。Judd 等于 1990,1991 和 1993 年,在 4 个果园中,

每公顷散发 1 000 枚诱芯,平均果实损失率小于 0.7%。余河水等在 1982—1983年,平均每批每 666.7 m² 散发性信息素 0.036 g 和 0.042 5 g,迷向率达 99.5%,雌蛾交尾率下降 55%～75%,虫果率下降 72.5%～77.2%。到目前为止,苹果蠹蛾性迷向产品在全世界果树种植过程中的防治面积已超过 40 万 hm²。目前市面上的苹果蠹蛾性迷向产品主要有缓释管、膏剂、固体块剂、乳剂、微胶囊等几种不同剂型,其中以缓释管应用最为广泛。

5.3 应用要点

5.3.1 使用方法

(1)使用剂量 33 根/666.7 m²(500 根/hm²),每根产品含 220 mg 苹果蠹蛾性信息素(品牌为百乐宝澳福姆产品),果园树和虫口密度较高时,平均用量增至900～1 200 根/hm²。大面积连续使用可依年度和时段降低使用密度,节约成本。

(2)使用时间 苹果蠹蛾越冬代成虫羽化前,越冬代成虫盛发期前一周。悬挂监测诱捕器,诱到第一头成虫时,开始使用迷向散发器,直至果树完成一整个季节的生育期(根据果树品种选择不同持效期的迷向产品)。如果果园虫口密度较高,可在苹果蠹蛾越冬代成虫和第 3 代成虫发生高峰期 3～5 d 各配合喷施一次杀虫剂。

(3)使用方法 将产品按果园密度均匀悬挂到西侧或南侧树冠的上 1/3 处(果树距离地面 2/3 处,即树冠中上部),距地面高度应不低于 1.7 m;均匀安放分布。

(4)使用面积 5 hm² 以上连片果园或相对独立的果园,面积越大,效果越好,单独防治的果园应不少于 2 hm²,且其周边 200 m 的范围内不应有未防治的其他寄主果园。33 根/666.7 m²×1 次(持效期 6 个月),20 根/666.7 m²×2 次(持效期3 个月)。

5.3.2 使用注意事项

(1)果园虫口密度处于中高水平时,适当增加果园迷向丝的悬挂数量,结合化学防治以及其他措施进行综合治理。

(2)坡度较高或存在主风方向的果园,在坡度较高和主风方向边缘处 2～4 排树(根据地块大小调整)加倍悬挂。

（3）在 200 m 内有非迷向防治的其他寄主果园,迷向防治果园边缘设置隔离带。隔离带要求在边界 3 排加倍悬挂迷向散发器,且在边界每隔 10 m 悬挂 1 套诱捕器,用来捕捉靶标害虫。

（4）春季回温快,气温比同期高时,应加强监测,提早实施,增加悬挂数量,结合化学防治。

（5）迷向区性诱诱集成虫数量多,用诱捕器实时监测迷向效果,当迷向区诱捕数量增多或抱卵率增高时,根据情况选择局部或整体补挂迷向散发器,结合其他如生物、物理、化学等方法进行防治,以避免经济损失。

（6）影响迷向效果的因素:果园条件,面积＜3.34 hm²,不连片;虫口密度,虫口密度处于中高水平;实施方式,悬挂位置不正确,减少用量,储存方式不当(冷冻或超温);持效期 3 个月迷向第二次未在规定日期内悬挂;迷向实施后的雄成虫具有在局部聚集的现象,没有做好监测工作,增加迷向用量或采取其他措施防治。

（7）正确使用条件下,苹果蠹蛾性迷向产品不会对人畜造成危害。如误食应立即用大量清水冲漱并及时就医。建议操作者戴口罩和橡胶手套,以减少产品对个别敏感者的潜在影响。条件允许情况下可将产品悬挂在翌年待修剪的枝条上,以便随着果树的修剪塑形一并清理。

5.4 应用案例

5.4.1 不同剂型迷向剂处理对苹果蠹蛾控制效果

时间地点:2013 年,宁夏中卫市常乐镇马路滩村苹果果园(41.3 hm²)。

产品规格:苹果蠹蛾信息素高密度胶条迷向剂有效成分含量 160 mg/根,透明塑管迷向剂有效成分含量 80 mg/根,膏体迷向剂有效成分含量 5%,均为市售产品,监测诱捕器为三角形黏胶诱捕器。

使用方法:选择整齐方正的 10 hm² 作为试验区,果园树龄 20 年生,品种为富士、金冠、红星和秦冠混合栽植,树冠高度平均 7 m 左右,果园管理一般,上一年苹果蠹蛾蛀果率 2% 左右。将试验区域均等分 3 份作为处理区,每个处理区面积约3.3 hm²(165 m×200 m)。根据相关报道,当树体高大时,迷向剂采用双层处理会提高防治效果,每个处理均采用 1 行迷向剂挂在树冠顶部以下 0.5 m 左右,邻行迷向剂挂在树冠中部 3.5 m 枝条上的方式进行处理,悬挂 900 个/hm²。胶条和透明塑管迷向剂用细铁丝制成环形悬挂,膏体迷向剂由于难以直接涂□用装入塑料小笼后再悬挂的方式,每点 1 g。胶条迷向剂在开花□明塑管和膏体迷向剂分别在开花初期、6 月底悬挂 2 次。在悬挂迷□处理区不同部位悬挂三角形黏胶监测诱捕器,每周检查 1 次诱蛾情□更换黏板和诱芯。统计监测结果以处理区中部 3 个监测诱捕器诱□数据、边缘监测数据为参考。

在相隔 2 000 m 外果园设置对照区,对照区的品种为富士、金□混合栽植,树冠高度平均 7 m 左右,面积大约 5 hm²,喷药及管理措□同,设置 3 个监测诱捕器定期监测。

调查方法:(1)诱蛾量监测 每个处理在中心区悬挂 3 个三角式□间的蛾量,每隔 7 d 调查 1 次,大约每月更换 1 次诱芯和黏板。统计□诱捕器的诱蛾量,比较不同处理区诱到雄蛾数量变化,并统计处理期□测诱捕器诱到的雄蛾数量。

(2)蛀果率调查 在 6 月下旬调查果实受害情况,调查品种为苹□种金冠,每个处理区在中心部位选取 4 个点,每个点选择 2~4 株树□部和下部共调查 700~800 个果实,检查苹果蠹蛾蛀果个数,调查□2 次处理,在果实成熟期再次调查蛀果率,每次每个处理调查金冠□种,每个品种树冠上下部位分别调查果实 800 个,计算防治效果。

$$虫果率 = \frac{调查果实中被为害的虫果数}{调查总果实数} \times 100\%$$

$$防治效果 = \frac{对照区虫果率 - 迷向区虫果率}{对照区虫果率} \times 100\%$$

使用效果:不同迷向剂剂型处理区诱蛾量结果显示,高密度胶□很好的防治效果,整个生长季没有诱到苹果蠹蛾成虫。在透明塑□处理区,在越冬代成虫发生期诱到一定数量成虫,7 月份后迷向剂□苹果蠹蛾成虫。

在 6 月下旬调查第 1 代幼虫蛀果率(表 5-1)。以苹果蠹蛾敏□调查对象,每个处理分别在树冠上部和下部调查 700 个果实。胶□在树冠上、下部均未发现蛀果为害,透明塑管和膏体迷向剂区树□1.57%,树冠下部仅在透明塑管处理区发现 1 个蛀果,膏体迷向□常规药剂防治区树冠上部蛀果率 2.88%,下部 0,说明在树冠高□蛾主要在树冠上部为害。

表 5-1　3 种迷向剂处理第 1 代不同树冠部位蛀果率比较

	树冠上部			树冠下部		
	调查果数/个	蛀果数/个	蛀果率/%	调查果数/个	蛀果数/个	蛀果率/%
	700	0	0.00 a	700	0	0.00 a
	700	11	1.57 b	700	1	0.14 a
透明胶管	700	11	1.57 b	700	0	0.00 a
常规防治区	800	23	2.88 c	800	0	0.00 a

注:表中数据为平均值。同列数据后附不同字母者表示在 0.05 水平上差异显著。

在 9 月 4 日果实采收前调查(表 5-2),各个处理区蛀果率均有上升,高密度胶条迷向处理区树冠上部平均蛀果率 1.13%,膏体迷向剂处理区蛀果率 2.51%,透明胶管迷向剂处理区蛀果率 2.19%,常规防治处理区蛀果率 5.01%,树冠下部为害率普遍较低,3 个处理区的蛀果率分别是 0、0.26% 和 0.57%,常规防治区蛀果率 1.25%。这说明在树体高大的果园,经过双层迷向剂处理,获得了良好效果。而透明胶管迷向剂和膏体迷向剂,在处理区中部都监测到成虫,在 6 月下旬调查蛀果,各个区域在树冠下部基本没有发现蛀果,而在树冠上部,都出现一定的苹果蠹蛾为害,和常规防治区对比,为害率下降 45% 左右。

表 5-2　3 种迷向剂剂型处理采收前不同品种蛀果比较

剂型	金冠				红富士				合计/个	平均蛀果率/%
	树冠上部		树冠下部		树冠上部		树冠下部			
	果数/个	蛀果率/%	果数/个	蛀果率/%	果数/个	蛀果率/%	果数/个	蛀果率/%		
高密度胶条	800	1.25	800	0.00	800	1.00	800	0.00	3 200	0.56 a
膏体迷向剂	800	2.13	800	0.38	800	2.88	800	0.13	3 200	1.38 b
透明胶管	800	1.38	800	0.38	800	3.00	800	0.75	3 200	1.38 b
常规防治区	800	5.63	800	1.25	800	4.38	800	1.25	3 200	3.125 c

注:表中数据为平均值。同列数据后附不同字母者表示在 0.05 水平上差异显著。

完成单位及人员:中国农业科学院郑州果树研究所(陈汉杰,张金勇,涂洪涛)、宁夏森林病虫害防治检疫站(唐杰,曹川建)、宁夏中卫市森林病虫害防治检疫站(蒲振兴,雷银山)、宁夏农林科学院种质资源研究所(李晓龙)。

5.4.2 新疆苹果蠹蛾性信息素迷向防控技术的示范应用

时间地点：2012年，新疆伊宁市巴彦岱镇铁厂沟村苹果园。

产品规格：苹果蠹蛾迷向散发器（北京中捷四方生物科技股份有限公司）。

使用方法：外围示范区同时采用化学农药（氯氰菊酯、氟虫脲等）和迷向技术防控苹果蠹蛾；核心示范区主要采用迷向技术，辅助使用生物农药（6月中旬、8月中旬施用阿维菌素）防治苹果蠹蛾。将苹果蠹蛾迷向散发器（北京中捷四方生物科技股份有限公司）悬挂在果树上，距地面2/3树高，每株树悬挂2个，相邻果树间按东西向和南北向交错悬挂。悬挂处具备较好的通风条件，并尽可能避免日光直射。在示范区边缘处以及风头处增加迷向散发器的悬挂数。2012年5月7—8日在示范区第1次悬挂，7月30日至8月1日期间更换1次。示范区的农业技术措施包括清理果园、刮除老树皮等。

对照区采用常规防治技术。2012年5月7日安装3台太阳能杀虫灯进行物理防治。5月16日和23日两次使用5％高效氯氰菊酯SC 1 000倍液喷雾防治第一代幼虫，6月5—13日使用1.8％阿维菌素EC 1 500倍液喷雾，7月25日使用5％氟虫脲EC 1 500倍液喷雾防治苹果蠹蛾幼虫。同时也采用与示范区相同的农业技术措施。

调查方法：2012年5月7日开始，将苹果蠹蛾性诱捕器（北京中捷四方生物科技股份有限公司）及诱芯（中科院动物研究所）设置于核心示范区、外围示范区、对照区内，对苹果蠹蛾成虫进行监测。示范区每0.67 hm^{2}悬挂1个，共悬挂300个，对照区悬挂20个，每月定期更换诱芯。从5月15日开始至9月26日止，每周调查1次诱捕器中捕获的成虫数量，计算平均值。

在核心示范区、外围示范区、对照区各随机选取20株果树，每株果树随机抽取10个果实，兼顾树冠上、中、下三部分和东、南、西、北不同方向，剖果检查，统计蛀果数量，计算蛀果率。调查日期为8月8、16、24、30日，共调查4次，统计总数。

使用效果：调查结果（表5-3和表5-4）显示，核心示范区诱捕器每周平均诱蛾量为1.64头，外围示范区为1.90头，对照区为3.85头；核心示范区平均蛀果率为2.88％，外围示范区为3.50％，对照区为5.88％。

表 5-3　2012 年新疆伊宁苹果园苹果蠹蛾性诱捕器捕获成虫数量

调查日期 （月-日）	诱捕器诱蛾量/（头/台）		
	核心示范区	外围示范区	常规防治对照区
5-15	0.51	0.65	0.80
5-22	6.12	4.23	5.20
5-29	3.23	4.40	3.60
6-05	4.25	4.12	6.40
6-12	3.26	3.52	5.40
6-20	3.34	3.56	6.40
6-28	3.24	3.64	7.80
7-05	2.23	3.41	8.20
7-11	1.73	1.51	5.80
7-17	0.53	1.71	2.60
7-24	0.53	1.60	1.60
8-02	0.93	0.82	4.07
8-08	0.11	0.85	5.12
8-16	0.86	0.92	5.62
8-24	0.57	1.01	3.42
8-30	0.63	0.97	2.40
9-05	0.61	0.86	2.20
9-13	0.13	0.25	0.20
9-19	0.06	0.09	0.20
9-26	0	0	0

表 5-4　迷向丝对苹果蠹蛾的防控效果

处理区	调查果实/个	被害果实/个	蛀果率/%
核心示范区	800	23	2.88
外围示范区	800	28	3.50
常规防治对照区	800	47	5.88

完成单位及人员:新疆维吾尔自治区植物保护站(张煜,艾尼兄尔·木沙,阿力亚·阿不拉,李晶)、新疆维吾尔自治区伊宁市农技站(艾克热木)。

5.4.3 迷向防治技术对苹果蠹蛾的田间防治效果

时间地点:2014 年,甘肃省的七里河、城关区、民乐县、临泽县、山丹县、肃州区、敦煌市、金塔县、民勤县、凉州区、白银区、永昌县 12 个县区苹果园。

产品规格:苹果蠹蛾迷向条为北京中捷四方生物科技股份有限公司生产,为信息素高效迷向散发器。主要组分为反 8,反 10-十二碳二烯-1-醇、十二醇和其他组分等,每根散发器有效成分净含量为(1 050±20)mg,持效期为 2.5～3 个月。监测用诱捕器,形状为三角形(规格长 25 cm×宽 8 cm×高 13 cm,材质为高强度钙塑板,配双面涂胶白色胶板,胶板规格为长 25 cm×宽 17 cm)、诱芯(主要成分为反 8,反 10-十二碳二烯-1-醇,性信息素的含量为 1 mg)由北京中捷四方生物科技股份有限公司生产提供。

使用方法:监测点悬挂 1 个诱捕器并配套 1 枚诱芯。当诱捕器诱到第 1 头苹果蠹蛾成虫后(4 月下旬至 5 月上旬),在试验区内第 1 次悬挂迷向条,用量 120～150 根/hm²,每隔两株树悬挂 1 根,设 3 次重复,每个重复面积 4 hm²,并于 7 月中旬进行第 2 次补充悬挂。悬挂时应注意在坡度较高和当地常年主导风向处适当加大密度,同时试验人员应戴手套,防止污染迷向条,影响防治效果。

核心试验区在采取迷向技术防治苹果蠹蛾的同时,在 3 月和 5 月各开展 1 次化学防治幼虫;外围试验区较核心试验区增加了 7 月上旬和 8 月上旬两次化学防治,其他措施同核心试验区;对照区仅采用 4 次化学防治(3 月下旬、5 月下旬、7 月上旬、8 月上旬),无迷向防治措施。化学防治农药使用 45%晶体石硫合剂(河北双吉化工有限公司)和 4.5%高效氯氰菊酯乳油(江苏克胜集团)。

调查方法:(1)成虫监测 试验区与对照区每 1 hm² 放置诱捕器和诱芯一套,对所有诱捕器进行编号,诱芯每月更换 1 次,从 5 月中旬开始每隔 7 d 调查 1 次,每次在记载诱蛾量的同时清除诱捕器里诱集的成虫及杂物,保持黏虫板的清洁,确保监测数据的准确性和可靠性。

(2)蛀果率调查 在果实成熟期调查蛀果率,调查时每公顷果园随机选取20 株果树,在选取的每株果树上按东、南、西、北 4 个方位随机调查树体中上部果实 10 个,对有蛀果症状的果实进行剖果检查,以确定是否为苹果蠹蛾为害,统计蛀果数量,计算蛀果率。

$$蛀果率=\frac{蛀果总数}{调查总果数}×100\%$$

使用效果:从性诱剂诱捕器对田间雄性成虫的诱蛾量看,12个县区对照区每个诱捕器的诱蛾量0.57～29头,平均每个诱捕器达到11头,核心试验区每个诱捕器的诱蛾量0～2.75头,平均每个诱捕器1头,对照区较试验区高90.8%,民勤县对照区平均每个诱捕器诱捕量最高,达到29头,而试验区仅为1.8头。对照区越冬代成虫因其交配产卵未受影响,其种群数量增长迅速,到第1代时达到高峰,第2代仍有少量成虫。而试验区虽然也诱捕到越冬代成虫,但由于性信息素的干扰,成虫不能正常交配产卵,因而未能建立起种群,在后期苹果蠹蛾成虫数量明显下降。由此也就证实了采用迷向防治技术对苹果蠹蛾具有较好的防治效果。

12个县区中,敦煌市由于自然灾害的原因未计入统计之中,其余11个核心试验区蛀果率平均0.01%,对照区蛀果率平均0.14%,对照区较试验区高92.6%,差异显著。田间蛀果率的显著下降,也证明了迷向防治具有明显效果。

外围试验区较核心试验区增加了两次化学防治,平均成虫诱捕量较核心试验区低10.3%,两者蛀果率都介于0～0.02%,平均成虫诱捕量和蛀果率两者间差异均不显著。说明在低虫口密度条件下,采用迷向防治技术后,增加两次化学防治,未能显著提高防治效果,这从另外一个方面也证实了迷向防治的效果。

完成单位及人员:甘肃省植保植检站(王得毓,刘卫红,陈臻,姜红霞,胡琴)、甘肃省农业信息中心(赵彤)。

5.4.4　不同措施对苹果蠹蛾的控制效果评价

时间地点:2016年,甘肃武威市凉州区黄羊河集团果品生产基地苹果园。

产品规格:供试苹果蠹蛾迷向散发器[有效成分为反8,反10-十二碳二烯-1-醇,含量为(1 050±20)mg]、三角形诱捕器、橡皮头式苹果蠹蛾长效诱芯,均由北京中捷四方生物科技有限公司生产。

使用方法:试验共设4个处理区,分别是迷向防治区、套袋防治区、药剂防治区和空白对照区,重复3次,顺序排列。迷向防治区、套袋防治区和药剂防治区小区面积均为3.3 hm²,空白对照区小区面积为0.13 hm²。为了保证各处理间不相互影响,4个处理区相互间隔1 km。

迷向防治区除挂置迷向散发器外,不使用任何农药和其他措施防治苹果蠹蛾,为了保证整个生长期迷向剂的有效性,根据迷向散发器有效期2个月的特点,于5月27日挂置迷向散发器,每666.7 m²挂置迷向丝20根,间隔60 d即7月27日更换1次迷向丝。套袋防治区除采取套袋措施外,不使用任何农药和其他措施防治苹果蠹蛾,梨树花期结束后20 d(6月1—2日)所有果实套袋,采收前20 d(9月15日)摘袋。药剂防治区仅用农药防控苹果蠹蛾,全生育期喷施农药5次,每次喷施药液量 150 kg,4 月 30 日喷 1 次 40%毒死蜱乳油 1 500 倍液,5 月 12 日喷 1 次 10%高效氯氰菊酯乳油 1 000 倍液,5 月 22 日喷 1 次 20%氰戊菊酯水乳剂 10 000 倍液,5 月 29 日喷 1 次 3%阿维·高氯乳油 1 500 倍液,6 月 20 日喷 1 次 40%毒死蜱乳油 1 500 倍液。空白对照区不采取任何措施防治。

试验期间,各处理小区均有害螨和梨白粉病发生,于 6 月 27 日统一喷施 1 次 240 g/L 螺螨酯悬浮剂 4 000 倍液防治害螨,于 8 月 22 日、9 月 1 日分别喷施 5% 己唑醇悬浮剂 1 500 倍液、10%苯醚菌酯悬浮剂 1 000 倍液防治梨白粉病。另外,试验田还有李小食心虫、苹小食心虫、梨小食心虫、杏小食心虫的发生,对达到防治指标的梨小食心虫和苹小食心虫采取诱捕器诱杀的方法进行防治。

调查方法:(1)成虫数量调查 迷向防治区、套袋防治区、药剂防治区每小区各挂置 5 个三角形诱捕器诱集苹果蠹蛾成虫,空白对照区每小区各挂置 2 个三角形诱捕器诱集苹果蠹蛾成虫。各处理诱捕器从 4 月 1 日挂置,4 月 12 日越冬代成虫始见,至 9 月 21 日,共计 24 周。每个月更换 1 次诱芯,每 7 d 调查 1 次诱虫量,计算单板每周诱虫量。每次调查完后清理黏虫板上的害虫及杂物,当黏虫板黏性下降时,及时更换黏虫板。

$$单板周诱虫量(头) = \frac{诱虫总量}{诱捕器数量 \times 调查周数}$$

(2)幼虫蛀果率调查 在果实成熟期(9 月 18—19 日)调查蛀果率,每小区 5 点取样,每点随机选取梨树 5 株,每株按上、中、下 3 个方位随机各调查果实 50 个,共 3 750 个果实,对有蛀果症状的果实剖果检查,确定是否为苹果蠹蛾为害,统计苹果蠹蛾蛀果数量,并计算苹果蠹蛾蛀果率。

$$苹果蠹蛾蛀果率 = \frac{苹果蠹蛾蛀果数}{调查总果数} \times 100\%$$

使用效果:迷向防治区、套袋防治区、药剂防治区和空白对照区的各诱捕器均诱到了苹果蠹蛾成虫,平均单板周诱虫量分别为 0.09、0.17、0.11、1.18 头,与空白对照区相比,迷向防治区、套袋防治区和药剂防治区的单板周诱虫量分别降低了 92.4%、85.6%和 90.7%。

各处理区苹果蠹蛾成虫始见于 4 月 12 日,前 7 周各处理区诱集的成虫数量基本一致,第 7 周以后迷向防治区、套袋防治区、药剂防治区与空白对照区相比差异较大,迷向防治区从第 9 周开始再未诱到成虫,套袋防治区和药剂防治区诱到成虫数量很少,未见有明显的成虫高峰期,空白对照区第 9 周以后出现了 2 次高峰期,分别为第 12 周和第 20 周。

迷向防治区未发现苹果蠹蛾蛀果,而套袋防治区、药剂防治区和空白对照区均有果实被蛀,蛀果率分别为0.03%、0.07%、4.44%,与空白对照区相比,迷向防治区、套袋防治区和药剂防治区苹果蠹蛾蛀果率分别下降了100.0%、99.3%和98.4%。

完成单位及人员:甘肃省武威市农业技术推广中心等(徐生海,李平,王开新,段峰)。

5.4.5　苹果蠹蛾性信息素迷向防治技术效果研究

时间地点:2016年,甘肃酒泉市肃州区。

产品规格:迷向防治材料选用北京中捷四方生物科技有限公司生产的苹果蠹蛾性信息素高效迷向散发器(迷向条)。持效期为2~3个月。

使用方法:迷向区在成虫扬飞前即性诱捕器第一次捕获苹果蠹蛾成虫之前使用迷向条,共2次,根据肃州区苹果蠹蛾及实际监测情况,迷向条于4月18日第1次使用,6月16日第2次使用,用量120~150根/hm²,即每隔两棵树悬挂1根。在迷向区和对照区同时设置苹果蠹蛾性诱捕器进行成虫监测。

迷向区在采用迷向技术防治的基础上,同时也采用和对照区相同的化学药剂防治。根据肃州区苹果蠹蛾1、2代幼虫发生危害时期,于5月21日、27日,分别选用1.8%阿维菌素、40%毒死蜱药剂进行第1代幼虫的喷雾防治。于7月17日、23日分别选用4.5%高效氯氰菊酯、40%毒死蜱进行第2代幼虫的喷雾防治。

调查方法:(1)成虫监测调查　迷向区与对照区分别设置2个苹果蠹蛾性诱捕器对成虫发生情况进行监测。诱捕器诱芯每月更换1次,从4月1日开始监测,每隔5d调查1次,并对每月诱捕器诱到的成虫数量详细填表记载。

(2)蛀果率调查　迷向区和对照区分别在6月22日、8月25日进行蛀果率调查,具体调查方法是随机选取30株果树,在选取的每株果树上按上、中、下三个部分和东、南、西、北不同方位随机抽取30个果实,仔细检查,对有蛀果症状的果实进行剖果检查,以确定是否为苹果蠹蛾为害,并将蛀果数详细填表记载。

使用效果:迷向区和对照区在4月21日首次诱捕到苹果蠹蛾越冬代雄性成虫,5月15日左右为羽化高峰期,6月中旬第1代成虫出现,6月24日左右达到高峰期,7月下旬开始出现第2代成虫,8月初达到高峰期。从4月1日至9月26日,迷向区2个诱捕器累计共诱捕到苹果蠹蛾成虫30头,平均15头。对照区2个诱捕器累计诱捕到苹果蠹蛾成虫90头,平均45头,从迷向区和对照区苹果蠹蛾成虫诱集平均数可以看出,通过迷向处理的果园,诱捕器诱捕到的成虫数量明显少于对照区,迷向区诱捕器平均诱蛾量低于对照区 66.7%。从 6 月 22 日、8 月 25 日 2 次调查的蛀果率看,迷向区蛀果率分别为 0.11%、0.23%,平均蛀果率为 0.17%;对照区蛀果率分别 0.33%、0.40%,平均蛀果率为 0.37%。迷向区平均蛀果率低于对照区 54.1%(表 5-5)。

表 5-5　蛀果率调查记录表

调查时间	处理	调查果数/个	被害果数/个	蛀果率/%
6 月 22 日	迷向区	900	1	0.11
	对照区	900	3	0.33
8 月 5 日	迷向区	900	2	0.23
	对照区	900	4	0.40

完成单位及人员:甘肃省酒泉市肃州区农业技术推广中心(夏尚有)。

5.4.6　伊犁地区 2 种不同剂型苹果蠹蛾性信息素迷向剂防控效果

时间地点:2014—2015 年,新疆伊犁地区伊宁县、新源县苹果园。

产品规格:苹果蠹蛾性信息素迷向丝:载体为 PVC 塑料管,长度为(200±5)mm,性信息素净含量为(270±20)mg;苹果蠹蛾性信息素微胶囊:壁材为辛烯基琥珀酸淀粉钠、麦芽糊精、β-环糊精等,2~3 μm,芯材为性信息素。监测诱捕器为三角形黏胶诱捕器(18 cm×25 cm)和黏虫板(16.6 cm×25.0 cm)。

使用方法:试验区选择面积为 6.67 hm²,树龄 10~20 年,长势良好且具有一定郁蔽度的独立果园,距离其他果园 200~300 m。试验地点为伊宁市巴彦岱镇干沟村、英也尔乡五大队果园(种植品种为红元帅、黄元帅),新源县塔勒德镇阿克其村、玉什托别村果园(种植品种乔纳金)。

迷向丝试验区。在性诱捕器第 1 次连续捕获苹果蠹蛾成虫之后,第 1 次悬挂迷向发散器;7 月下旬或 8 月上旬开始第 2 次悬挂处理。试验区内悬挂迷向丝 900 个/hm²,悬挂时兼顾树冠各方向,悬挂高度不低于 1.5 m。

微胶囊试验区。在性诱捕器第 1 次连续捕获苹果蠹蛾成虫之后,试验区使用苹果蠹蛾微胶囊迷向剂 1 500 g/hm² 药剂用毛刷涂刷树干。果树树冠中部第 1 次涂刷微胶囊迷向剂,涂刷每棵树树冠中部宽 6~8 cm、长 20~25 cm 的部分,在果树离地面 2/3 处。5 月下旬、7 月上旬、8 月中旬分别再进行 3 次涂刷。

调查方法:(1)诱蛾量调查　试验区、对照区悬挂性诱捕器 1.5 台/hm²,诱芯每 30 d 更换 1 次,及时更换黏虫板。每周调查 1 次诱捕器诱蛾量。统计平均每周单个诱捕器的诱蛾量并比较诱捕雄蛾数量的变化,统计处理期间每周每个监测诱捕器诱到的雄蛾数量。

(2)蛀果率调查 从 6 月中旬开始,每周调查 1 次苹果蠹蛾幼虫蛀果情况。试验区、对照区采用棋盘式取样法选取 12 株果树,每棵树调查 30 个果实,检查苹果蠹蛾蛀果个数,计算蛀果率。

$$蛀果率＝\frac{蛀果数}{调查果实总数}×100\%$$

使用效果:迷向剂处理的试验区,在越冬代成虫羽化期 4 月下旬至 5 月中旬诱集到较多成虫,在第 1 代、第 2 代成虫高峰期诱集的成虫数量明显少于越冬代;越冬代成虫羽化期和第 1 代、第 2 代发生高峰期的间隔期,很难诱捕到苹果蠹蛾成虫。通过性信息迷向剂的使用,干扰了成虫交配,减少了越冬代成虫产卵,从而降低了第 1 代、第 2 代幼虫和成虫的数量,诱捕器诱集到的成虫数量相应降低。

蛀果率调查结果(表 5-6)显示,试验区迷向剂干扰成虫交配,越冬代产卵率降低之后,第 1 代、第 2 代幼虫发生数量随之降低,蛀果率相应减少。对照区虽然减少了成虫数量,但难以控制卵和幼虫发生,成虫诱集数量和蛀果率高于试验区。

表 5-6　2 种不同剂型迷向剂试验区与对照区平均蛀果率　　　　　　　　%

地区	迷向丝试验区	微胶囊试验区	对照区
伊宁市	0.69	0.28	5.42
新源县	0.58	0.31	6.19
平均	0.64	0.30	5.81

完成单位及人员:新疆维吾尔自治区植物保护站(张煜)、新疆科技发展战略研究院(张戈)。

5.4.7　库尔勒香梨上苹果蠹蛾性信息素迷向防控效果

时间地点:2015 年,新疆库尔勒市沙依东园艺场、轮台县轮台镇香梨园。

产品规格:苹果蠹蛾性信息素微胶囊,壁材为辛烯基琥珀酸淀粉钠、麦芽糊精、β-环糊精等,厚 2～3 μm,芯材为性信息素。苹果蠹蛾性信息素迷向丝,载体为 PVC 塑料管,长度为(200±5)mm,性信息素净含量为(270±20)mg。

白色三角黏胶式诱捕器,由钙塑瓦楞板制成,其横向截面为边长 18 cm 的等边

71

三角形,其纵向长度为 25 cm,内有苹果蠹蛾性信息素诱芯,底部放置黏虫胶板(长 25 cm×宽 18 cm)。

使用方法:性信息素迷向试验设置微胶囊、迷向丝、常规化学农药 3 个处理区。选择长势良好且具有一定郁蔽度的香梨园为处理区,距离其他果园 500 m,总面积为 10 hm²,每个处理设置 3 个重复,每个重复面积为 3 hm²。空白对照区面积为 1 hm²,不采取任何防治措施。

①微胶囊处理区:试验分为在性诱捕器第 1 次连续捕获苹果蠹蛾成虫之后,第 1 次用毛刷在树冠中部涂刷微胶囊迷向剂,每公顷涂刷 1 500 g 药剂,涂刷位置为树冠中部宽 6~8 cm、长 20~25 cm 的部分,在果树离地面 2/3 处。于 5 月下旬、7 月上旬、8 月中旬分别再进行 3 次涂刷。②迷向丝处理区:在性诱捕器第 1 次连续捕获苹果蠹蛾成虫之后,第 1 次悬挂迷向发散器,于 7 月下旬或 8 月上旬开始第 2 次悬挂处理。每公顷悬挂迷向丝 900 个,悬挂时兼顾树冠各方向,悬挂高度不低于 1.5 m。③常规化学农药处理区:分别于 5 月 15 日使用 25%阿维·灭幼脲 EC 2 500 倍液喷雾一次,6 月 15 日使用 20%杀灭菊酯 EC 2 500 倍液喷雾一次,7 月 15 日用 2.5%溴氰菊酯 EC 2 500 倍液喷雾一次。

调查方法:防效调查每周统计一次各处理区的诱蛾量、蛀果率。①诱蛾量调查:在处理区和对照区每 0.3 hm² 悬挂 1 台性诱捕器,每 30 d 更换一次诱芯,及时更换黏虫板。②蛀果率调查:从 5 月 6 日开始,采用棋盘式取样法,处理区选取 50 株果树,每株调查 30 个果实,空白对照区选取 10 株果树,每株调查 30 个果实,对有为害状果实进行解剖,以鉴定苹果蠹蛾蛀果幼虫,记录蛀果个数,并计算蛀果率。

$$蛀果率 = \frac{蛀果数}{调查果实总数} \times 100\%$$

使用效果:3 种处理区的诱蛾量调查结果显示,4 月下旬(苹果蠹蛾越冬代成虫羽化期)至 5 月中下旬(越冬代成虫发生高峰期)2 种性信息素迷向剂均诱集到较多成虫,诱蛾量高于常规化学农药处理区和空白对照区。其中,5 月 19 日微胶囊、迷向丝处理区每周平均诱蛾量分别达 11.90、12.37 头/台,常规化学农药处理区每周平均诱蛾量为 8.73 头/台。2 种性信息素迷向剂在苹果蠹蛾第 1 代、第 2 代成虫高峰期(7 月上旬至 8 月上旬)诱集的成虫数量明显少于越冬代,其中,7 月 9 日微胶囊、迷向丝处理区每周平均诱蛾量分别为 5.03、6.43 头/台,常规化学农药处理区每周平均诱蛾量为 8.87 头/台。方差分析结果显示,5 月上旬,各处理区与空白对照区的诱蛾量无显著差异。自 6 月 12 日至 9 月 12 日,空白对照区与 3 种处理区的诱蛾量均达极显著差异,性信息素迷向处理区与常规化学农药处理区之间存在显著差异,而微胶囊处理区与迷向丝处理区之间无显著差异。

3 种处理区的蛀果率调查结果显示,性信息素迷向处理区蛀果率低于常规化学农药处理区,对照区的蛀果率远高于 3 种处理区。常规农药、微胶囊制剂、迷向丝处理区的平均蛀果率分别为 2.25%、0.99%、0.8%。方差分析结果显示,5 月上旬各处理区与空白对照区的蛀果率无显著差异。6 月 12 日至 9 月 12 日空白对照区与 3 种处理区之间均达极显著差异,6 月下旬之后性信息素迷向处理区与常规化学农药处理区之间存在显著差异。

完成单位及人员: 新疆维吾尔自治区植物保护站(张煜,李晶)、新疆巴音郭楞蒙古自治州农业技术推广中心植保站(马诗科)。

5.4.8 苹果蠹蛾不同防治方法的控害效应

时间地点: 2009 年,甘肃省酒泉市肃州区果园乡的酒泉市农业科学研究所的苹果园。

产品规格: 性信息素诱芯购于中国科学院动物研究所,载体为蓝色的橡胶塞,内含约 0.25 mg 性引诱剂(主要成分为 E-8,E-10-odecadien-1-ol)。诱捕器为水瓶式诱捕器,用废弃的 550 mL 白色矿泉水瓶改制而成。在瓶的上部环剪间距相等的 3 个长方形小孔(长 4 cm×高 2 cm)以利诱集时苹果蠹蛾成虫的穿行,水瓶内装水(含 0.1%洗衣粉和 50%汽车防冻液)距孔口 1~2 cm,诱芯用铁丝垂直固定于瓶盖上并距水面 1~1.5 cm。

使用方法:(1)性信息素诱捕区　诱捕器悬挂于距离地面约 3 m 的果树侧枝上,每 2 个诱捕器之间相距约 15 m,共放置 8 个诱捕器。每 2 d 记录各诱捕器的诱蛾数量,及时清理诱捕器内杂物并加水。每 30 d 左右更换 1 次诱芯。

(2)性信息素迷向区　在越冬代、第 1 代和第 2 代成虫始发期悬挂性信息素诱芯。诱芯以细铁丝系在树冠上部 1/3 的小枝上,2 枚诱芯之间相距约 1 m,平均每株果树悬挂 4 枚。

(3)化学防治区　在苹果蠹蛾发生期的 5 月下旬、6 月下旬、7 月下旬,分别采用高射程机动喷雾器喷施 3%高渗苯氧威 EC 1 500 倍液防治苹果蠹蛾各 1 次。

(4)对照区　不采用任何针对苹果蠹蛾的防治措施。

调查方法: 用活雌蛾诱捕器诱捕苹果蠹蛾雄蛾的数量。在各代成虫盛发期,分别在诱捕区、迷向区、化学防治区和对照区内各悬挂 3 个羽化 2~3 d 的处女雌蛾诱捕器,诱捕器悬挂在树冠上部 1/3 的侧枝上,2 个诱捕器之间相距至少 15 m。每天检查各诱捕器的诱蛾数量,2~3 d 后更换不具诱捕能力的笼装活雌蛾。诱蛾试验在越冬代和第 1 代成虫盛发期间各进行 5 d。计算诱捕区雄蛾种群数量减少率。

$$雄蛾种群数量减少率 = \frac{对照区平均诱蛾量 - 处理区平均诱蛾量}{对照区平均诱蛾量} \times 100\%$$

苹果蠹蛾幼虫对苹果果实的危害情况:在各代幼虫危害盛末期分别调查诱捕区、迷向区、化学防治区和对照区的苹果树果实受害情况。每 3～4 株取样 1 株,每株分上中下 3 层,每层分东、南、西和北 4 个方位,每个方位随机调查 10 个果实,并以蛀孔或咬痕记载其受害情况。

使用效果:用活雌蛾诱捕器诱捕的苹果蠹蛾雄蛾数量结果显示,越冬代成虫高峰期,诱捕区和化学防治区雄蛾数量分别比对照区减少 20.0% 和 40.0%,前者不具显著差异,而后者有显著差异;迷向区的雄蛾数量比对照区增加了 40.0%。在第 1 代成虫盛发期,诱捕区、化学防治区和迷向区的雄蛾分别比对照区减少 37.5%、50.0% 和 75.0%(表 5-7)。

表 5-7　用活雌蛾诱捕器诱捕的苹果蠹蛾雄蛾数量　　　　　　　　　　　　　　头

世代	诱捕区	迷向区	化学防治区	对照区
越冬代	0.80±0.26	1.40±0.11	0.60±0.18	1.00±0.14
第 1 代	1.00±0.20	0.40±0.11	0.80±0.17	1.60±0.18

苹果蠹蛾幼虫对苹果果实的蛀果率结果显示,在第 1 代幼虫危害盛末期,诱捕区的蛀果率与对照区差异不显著,仅下降 15.5%;而迷向区和化学防治区的蛀果率相当,均比对照降低了 69.4% 存在显著差异(表 5-8)。在第 2 代幼虫危害盛末期,诱捕区的蛀果率与对照区差异不显著,仅下降 14.1%;而迷向区和化学防治区的蛀果率比对照区分别下降 71.8% 和 68.8%,均存在显著差异,但迷向区和化学防治区的蛀果率不存在显著差异。

表 5-8　苹果蠹蛾幼虫对苹果果实的平均蛀果率　　　　　　　　　　　　　　%

世代	诱捕区	迷向区	化学防治区	对照区
第 1 代	2.29±0.23 a	0.83±0.20 b	0.83±0.25 b	2.71±0.29 a
第 2 代	5.73±0.41 a	1.88±0.31 b	2.08±0.32 b	6.67±0.44 a

注:同行数据后不同小写字母表示差异显著($P < 0.05$)。

完成单位及人员:中国农业科学院植物保护研究所(刘万学,张桂芬,万方浩,翟小伟)、山东农业大学植物保护学院(翟小伟)。

5.4.9 苹果蠹蛾性信息素缓释剂的控害效果

时间地点：2010 年，甘肃、宁夏、黑龙江 3 地苹果园。

产品规格：苹果蠹蛾信息素缓释剂（迷向丝，有效成分含量为 0.16 g/根）由澳大利亚 Bioglobal 公司生产。

使用方法：甘肃省设置 2 个试验区，均为苹果蠹蛾多年发生区域。1 号试验区延续 2009 年试验（魏玉红等，2010），地点位于甘肃省兰州市城关区，果园面积约 8 hm²，每公顷悬挂迷向丝 990 根（折合 66 根/666.7m²）；2 号试验区开展不同密度信息素缓释剂迷向防治试验，地点位于甘肃省民勤县三雷乡民勤园艺场，果园面积约 7.3 hm²，共分为 660、990、1 320 根/hm²（分别折合 44、66、88 根/666.7m²）3 个密度处理。处理时间在苹果开花初期，为 2010 年 4 月 20—21 日。对照区面积 1.33 hm²，与 2 号处理区相距 1.2 km 左右，中间没有其他果园；对照果园内苹果、梨、桃混种，以苹果为主，品种主要为元帅和金冠。

宁夏设置 2 个试验区，1 号试验区是宁夏青铜峡市甘城子乡的一处苹果园，为 2010 年新侵入点，仅在单一诱捕器诱到苹果蠹蛾；以监测到苹果蠹蛾的地点为中心，周围 100～150 m 内所有苹果蠹蛾寄主果园全部处理，处理面积约 6 hm²，处理密度为 990 根/hm²，处理时间为 2010 年 5 月 21 日。2 号试验区是中卫市中科院沙坡头沙漠研究试验站苹果园，面积约 4 hm²，共分为 660、990、1 320 根/hm² 3 个密度处理；试验区外围种植有核桃和梨等树种约 2 hm²，一并处理，处理时间为 2010 年 4 月 21—23 日。在距离 2 号试验区 2 km 左右处设置对照果园，园中主栽为富士和红星苹果。

黑龙江设置 1 个试验区，为苹果蠹蛾多年发生区域，位于牡丹江市东宁县，试验区面积约 8 hm²，共分为 660、990、1 320 根/hm² 3 个密度处理；处理时间为 2010 年 5 月 21 日。

试验期间试验园和对照园用药情况保持一致。

调查方法：(1)诱蛾量调查　每个处理在中心区悬挂 2 个三角式诱捕器监测田间的蛾量，每隔 7 d 检查 1 次诱蛾量，每月更换 1 次诱芯。诱芯由 Bioglobal Ltd. 提供，其中性信息素含量为 10 mg。使用以下公式计算诱蛾下降率：

$$诱蛾下降率 = \frac{对照区平均诱蛾数 - 处理区平均诱蛾数}{对照区平均诱蛾数} \times 100\%$$

(2)蛀果率调查　在果实成熟期调查蛀果率，每处理调查果实不少于 1 000 个，计算防效。

使用效果：诱蛾量调查结果（表5-9）显示，在使用信息素迷向丝处理后，甘肃民勤和宁夏青铜峡试验区各个处理在整个生长季均未诱到苹果蠹蛾，诱蛾下降率达到了100%，甘肃兰州处理区在整个生长季平均每诱捕器的诱蛾量低于1头，诱蛾下降率为97%～98.14%，宁夏中卫试验区仅在990根/hm² 处理诱到1头/诱捕器，660、1 320根/hm² 均未诱到蛾，取得了显著迷向效果，而在黑龙江东宁试验区3个处理的诱蛾下降率为46.67%～83.38%，诱蛾最大量达到17头/诱捕器，迷向效果显著低于其他几个试验区。

表5-9 不同密度信息素缓释剂迷向处理后诱捕器诱捕的雄蛾数量 头/诱捕器

信息素条/	甘肃兰州		甘肃民勤		宁夏青铜峡		宁夏中卫		黑龙江东宁	
（根/hm²）	越冬代	1～2代	越冬代	1～2代	越冬代	1～2代	越冬代	1～2代	越冬代	1～2代
660	——	——	0	0	——	——	0	0	0	5
990	0.5	0.33	0	0	0	0	0	1	6	11
1 320	——	——	0	0	——	——	0	0	0	16
0	16.67	17.33	3.5	10	2	0	17	6	13	30

蛀果率调查结果显示宁夏青铜峡和甘肃民勤试验区分别为新侵入区和发生密度较低区，各个处理区和对照区均未发现蛀果；甘肃兰州和宁夏中卫试验区各个处理均未发现蛀果，防效达到了100%；黑龙江东宁试验区3个处理的防效也达到了90%以上，其中以中间密度990根/hm² 处理区的防效最低，为90.91%，3个处理间防效无显著差异（表5-10）。

表5-10 不同密度信息素缓释剂迷向处理后的蛀果率及防治效果 ％

信息素条/	甘肃兰州		甘肃民勤		宁夏青铜峡		宁夏中卫		黑龙江东宁	
（根/hm²）	蛀果率	防效	蛀果率	防效	蛀果率	防效	蛀果率	防效	蛀果率	防效
660	——		0				0	100	0.075	93.18 a
990	0	100	0		0		0	100	0.10	90.91 a
1 320	——		0				0	100	0.05	95.45 a
0	1.39		0				0.1		1.10	

完成单位及人员：中国农业科学院郑州果树研究所（涂洪涛、张金勇、陈汉杰）、甘肃省农业科学院植物保护研究所（罗进仓）、宁夏农林科学院种质资源研究所（王春良）、宁夏森林病虫害防治检疫站（宝山）、黑龙江省农业科学院牡丹江分院（刘延杰）。

5.4.10　信息素迷向技术防治苹果蠹蛾试验

时间地点：2009 年，甘肃省兰州市城关区苹果园（约 10 hm²）。

产品规格：试验区于苹果蠹蛾越冬成虫羽化前的 4 月 11 日悬挂苹果蠹蛾信息素迷向丝（含有效成分 0.16 g/条，澳大利亚 Bioglobal 公司生产），每公顷 990 条，每根胶条均放置于距离树顶 0.5 m 的位置，田间均匀分布，在整个生长期不再更换，对照区不悬挂迷向丝。

使用方法：试验地设在甘肃省兰州市城关区，果园面积约 10 hm²，其中试验区 8 hm²，对照区 1.33 hm²。两园相距 1.2 km 左右，中间没有其他果园，果园苹果、桃及梨混种，但以苹果为主，苹果品种主要为元帅和金冠。试验期间试验园和对照园用药情况基本一致，为防治叶螨、蚜虫等害虫，于生长期各喷施 1 次 30％桃小灵乳油、2.5％敌杀死乳油、4.5％高效氯氰菊酯乳油、40％毒死蜱乳油，没有采取刮树皮、涂白、捆扎草绳等其他措施，2008 年苹果蠹蛾发生情况基本一致，蛀果率在 1.5％左右。

调查方法：试验区与对照区各放置三角胶黏式诱捕器 5 个，监测用诱芯为中国科学院动物研究所提供，含量 1 mg，每月更换 1 次诱芯。从 4 月 11 日开始每隔 7 d 左右调查 1 次，每次在记载诱蛾量的同时，清除诱捕器里诱集的害虫及杂物，保持黏虫板的清洁。在果实成熟期调查蛀果率，调查时各区随机选取 5～15 株苹果树，每株树按东、南、西、北 4 个方位随机调查树体中上部果实 25 个，对有蛀果症状的果实进行剖果检查，以确定是否为苹果蠹蛾为害。

使用效果：对照区在 4 月 22 日首次诱捕到苹果蠹蛾越冬代雄虫 1 头，至 6 月上旬共诱捕到越冬代成虫 5 头。6 月 17 日首次诱捕到第 1 代成虫 4 头，7 月中旬达到高峰期，7 月 15 日诱蛾量达到 18 头，7 月底进入发生末期；8 月初陆续开始出现第 2 代成虫，至 8 月下旬达到高峰期，9 月中旬进入发生末期。对照区从 4 月 22 日至 9 月 30 日累计诱捕到苹果蠹蛾高达 100 头。试验区只有 2 次诱捕到苹果蠹蛾成虫；5 月 13 日和 7 月 15 日，7 月 15 日所诱到成虫的诱捕器挂在试验区边缘，为从外传入。

从诱蛾量看，采用信息素干扰交配技术对苹果蠹蛾具有理想的防治效果，对照区越冬代成虫虽然仅诱捕到 5 头，但因其交配产卵未受影响，其种群数量增长迅速，到第 1 代时诱蛾量达到 60 头，第 2 代为 35 头。而试验区虽然也诱捕到越冬代成虫，但由于信息素的干扰，成虫不能正常交配产卵而建立起种群，因此在后期未诱捕到苹果蠹蛾成虫。

苹果蠹蛾的田间蛀果情况(表5-11),2次调查及试验期间的随机抽查,试验区均未见到苹果蠹蛾蛀果;而对照区2次的蛀果率基本一致,分别为1.98%和1.87%。同时在8月27日的剖果检查中发现80%的蛀果中有苹果蠹蛾幼虫,大部分为高龄幼虫,3龄以下幼虫较少。

表5-11 信息素干扰交配技术防治苹果蠹蛾试验结果

调查日期 (月-日)	处理	调查果数/个	被害果数/个	蛀果率/%
8-27	试验区	100	0	0
	对照区	505	10	1.98
9-16	试验区	1 500	0	0
	对照区	1 500	28	1.87

试验区共调查了元帅、富士、金冠及青香蕉4个品种苹果蠹蛾的蛀果情况(表5-12)。调查结果显示,无论在试验区中心还是边缘均没有发现蛀果。而对照区元帅品种的蛀果率最高,达到2.72%;金冠的蛀果率较低,为0.33%。

表5-12 信息素迷向试验区与对照区不同苹果品种间的蛀果率

品种	元帅		富士		金冠		青香蕉	
	调查果数 /个	蛀果率 /%	调查果数 /个	蛀果率 /%	调查果数 /个	蛀果率 /%	调查果数 /个	蛀果率 /%
试验核心区	300	0	300	0	300	0	200	0
试验边缘区	300	0	300	0	300	0		
对照区	405	2.72			600	0.33		

完成单位及人员:甘肃省农业科学院植物保护研究所(魏玉红,罗进仓,周昭旭,刘月英)。

6　梨小食心虫信息素的研究

　　果树食心虫对果实的为害严重影响果品的品质和经济价值,很多国家和地区把苹果蠹蛾、梨小食心虫等列为法定检疫对象,其容忍损害水平为零,长期以来依赖化学农药进行防治,而该类害虫钻蛀隐蔽为害,加上蛀果期世代重叠,致使化学农药使用频繁、抗性不断增加而防效低下,治理难度越来越大。数十年来,人们一直被化学农药带来的抗药性、环境污染等问题所困扰,如何在生态安全的条件下实现对有害生物的可持续控制成为当今植物保护学科关注的焦点。利用昆虫种内种间的化学信息物质对其行为过程进行调节,减少其对保护对象的选择与为害,为害虫的生态调控提供了可能。

　　在果园食心虫的整个生活史中,寄主选择和配偶选择对其种群的繁衍起着至关重要的作用,而信息化合物又在调节食心虫选择寄主和配偶过程中起着关键性的作用(Masante-Roca et al. ,2007)。这些信息化合物包括食心虫自身产生的信息素、寄主/非寄主产生的他感化学物质。基于信息化学物质的害虫管理策略为果园食心虫的治理提供了新的途径。

6.1　梨小食心虫性信息素的研究

　　George 等(1965)从梨小雌蛾的腹部分离得到梨小食心虫性信息素;Roefofs 等(1969)鉴定其结构为 $Z8$-十二碳烯-1-醇醋酸酯(Ⅰ)、$E8$-十二碳烯-1-醇醋酸酯(Ⅱ)和 $Z8$-十二碳烯-1-醇(Ⅲ)的混合物(图 6-1)。随后化学家及昆虫学家相继进行合成和生物活性研究,发表了许多关于梨小食心虫性信息素的人工合成及田间药效试验的报道(Rumbo et al. ,1997;Baker,1996)。田间试验结果表明:Z/E 摩尔比为 95:5 时,生物活性最佳(Charles,1991),梨小食心虫性信息素对梨小食心虫等有较好的引诱效果。

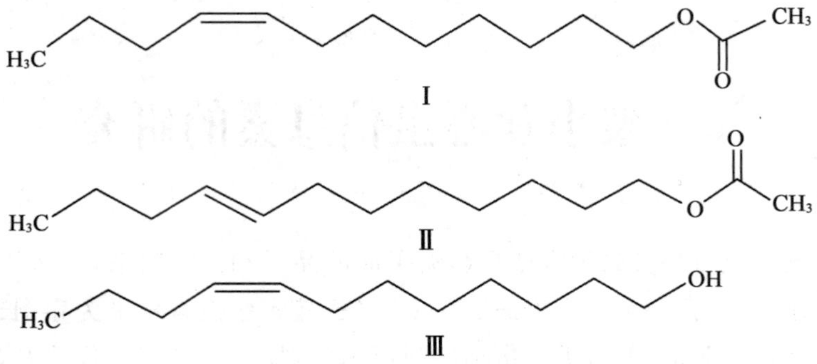

图 6-1　梨小食心虫性信息素的主要组分

Ⅰ.顺 8-十二碳烯-1-醇醋酸酯　Ⅱ.反 8-十二碳烯-1-醇醋酸酯　Ⅲ.顺 8-十二碳烯-1-醇

6.1.1　性信息素的释放节律

国外有关梨小食心虫的性信息素研究始于 20 世纪 60 年代。在性信息素释放昼夜节律方面,通过实验室观察,梨小食心虫雌蛾的求偶和交尾行为出现在进入暗期前的 2 h(George,1965)。田间观察发现,交尾出现在日落前的 2～3 h(Gentry et al.,1975)。Han 等(2001)在韩国研究了梨小食心虫的性信息素组分以及田间诱捕情况,发现交尾和召唤行为同样出现在进入暗期前的 2～3 h;Baker 和 Cardé (1979)获得同样的研究结果。在我国,孟宪佐等(1978)研究发现,在一般天气下,梨小食心虫的交配活动主要在傍晚前后进行,春天在下午 17～18 时,夏天在下午 20～21 时,这时捕蛾量最多,刮大风或下大雨时它们很少活动,几乎捕不到雄蛾,与国外的研究结果基本一致。在日节律研究方面,Han 等(2001)证明梨小食心虫的性行为受到光周期的控制,2～3 日龄的雌蛾表现出最强的召唤行为和交尾行为;Baker 等(1979)证实梨小食心虫的召唤行为和性信息素的释放发生在羽化后 1 d。

6.1.2　性信息素组分

梨小食心虫性信息素由 George(1965)从梨小食心虫雌蛾的腹部分离得到。Roelofs 等(1969)将性腺粗提物浓缩 100 倍,应用柱层析、薄层层析、气相色谱和质谱等技术,鉴定其结构为顺 8-十二碳烯醋酸酯(Z8-12:Ac);该组分的室内合成标准品在行为生测中可以引发雄蛾强烈的行为反应,在田间诱得大量雄蛾;相关的醋酸酯的反式(E)同分异构体加入顺式(Z)性信息素标准品中则导致抑制作用,田间诱蛾量明显减少。Cardé 等(1979)利用 EAG 和 GC-MS 等技术研究梨小食心虫性信息素,得到 4 个组分,除了 $Z8$-12∶Ac 外,还有反 8-十二碳烯醋酸酯($E8$-12∶Ac),顺 8-十二碳烯-1-醇($Z8$-12∶OH)和十二碳-1-醇(12∶OH),比例依次为 100∶7∶30∶6,单头雌蛾释放量为 0.1~0.2 ng;研究还表明,$Z8$-12∶Ac,$E8$-12∶Ac 和 $Z8$-12∶OH 决定了该虫的逆风起飞,而 12∶OH 的作用是近距离的寄主定位。Lacey 和 Sanders(1992)利用毛细管微量技术吸附单个召唤雌蛾的梨小食心虫性信息素,然后进行 GC-MS 分析发现 $Z8$-12∶Ac 的含量最高为 25.3 ng/h,$E8$-12∶Ac 为前者的 4.2%,$Z8$-12∶OH 的含量则极其少,另外值得一提的是发现有大量的十二碳醋酸酯。

Baker 等(1980)研究了性信息素组分释放率,将装有合成化合物的诱芯和召唤的处女雌蛾分别放入 1 个 250 mL 圆底玻璃瓶,然后用正己烷洗脱吸附在玻璃上面的性信息素,结果发现 1 000,100 和 10 μg 的 $Z8$-12∶Ac 从橡皮头诱芯的释放率分别是 219,12 和 1.2 ng/h,而处女雌蛾性信息素释放率为 3.2 ng/h,接近 10 μg 诱芯,而烯醇的释放率是酯的 3 倍。

Linn 等(1983)认为梨小食心虫性信息素在不同地理种群间存在差异。上述研究均集中在美国等西方国家,Han 等(2001)在韩国水原(Suwon)桃园开展了相关研究,证实梨小食心虫的性信息素组分与美国种群的相似,只是 4 个组分的比例不同:即 $Z8$-12∶Ac,$E8$-12∶Ac,$Z8$-12∶OH 和 12∶OH 的比例为 100∶7.2∶1.9∶12;其中 $Z8$-12∶OH 的含量较低,仅占主要成分的 1.9%。相比较而言,Cardé 等(1979)及 Linn 等(1983)的研究结果则接近 30%;此外,在腺体浸提物中还检测到 12% 的 12∶OH,这与其他大部分的研究报道也不同,在 Cardé 等(1979)的研究中该组分仅占主要组分的 6%。Yang 等(2002)从韩国罗州(Naju)梨园采集梨小食心虫种群进行组分鉴定,同样得到上述 4 个组分,只是比例为 100∶6.8∶19.1∶5.4;其中 $E8$-12∶Ac 和 $Z8$-12∶OH 的比例更接近于 Cardé 等(1979)报道的美国种群的比例,而高于 Lacey 等(1992)报道的澳大利亚种群,与 Han 等(2001)报道的韩国种群差异也较大(表 6-1)。

表 6-1　梨小食心虫雌蛾性信息素腺体组分及室内和田间引诱最佳配比

测定方法	性信息素组分及配比				试虫来源	文献
	Z8-12:Ac	E8-12:Ac	Z8-12:OH	12:OH		
I	100	—	—	—	New York,USA	Roelofs et al.,1969
I	100	7	30	6	Michigan,USA	Cardé et al.,1979
O	100	5.2	1.1	300	Michigan,USA	Baker and Cardé,1979
I	100	4.2	0.5	—	Canberra,Australia	Lacey and Sander,1992
I	100	7.2	1.9	12	Suwon,Korea	Han et al.,2001
A	100	5.3	1.1	—	Suwon,Korea	Han et al.,2001
I	100	6.8	19.1	5.4	Naju,Korea	Yang et al.,2002
A	100	5.3	1.1	—	Naju,Korea	Yang et al.,2002

注:I 仅为腺体组分的化学鉴定;O 为室内生测获得最佳配比;A 为田间试验获得最佳配比。

关于 12:OH 的作用一直存在争议,一些研究通过生测推测该物质具有近距离定位的作用(Cardé et al.,1975,1979),而且对其他主要成分有协同作用(Cardé et al.,1975);但是其他的研究结果则认为该物质没有增效作用,只有当混合物中 $Z8$-12:OH 的量减少时才起增效作用(Linn et al.,1986);Han 等(2001)认为 12:OH 没有增效作用,反而降低引诱效果。多数学者认为,在使用性诱剂时,与处女雌蛾最接近的组分比例是最有效的;但从经济学的角度考虑,如果主要的关键组分就可以达到一定的引诱效果,那么尽可能少的量是最经济的,因此,在韩国的性诱剂设计中 12:OH 被认为是没有必要的(Han et al.,2001)

6.1.3　梨小食心虫性信息素的人工合成方法

6.1.3.1　炔化物合成路线

利用含炔键的原料合成梨小食心虫性信息素类似物,然后经选择性还原获得生物活性较佳配比的 I 和 II,其末端基团的获得是由原料直接带入或是通过官能团转化。Holan 等(1973)提出的合成路线是通过对合成的含炔键的中间体,经过硼烷部分还原及末端基团的转化合成 I。1977 年中国科学院北京动物研究所杀虫剂组参照此类化合物的合成方法加以改进,对中间体炔键采用了 $Pd\text{-}CaCO_3$ 催化加氢还原。仲同生等(1982)提出一条含炔烃多位异构化的合成路线。Mithran 等(1986)和 Yuan(1995)提出的合成方法与上述方法大体相似,但在原料选择上略有不同,仍然使用含炔键的原料。炔化物合成路线存在的主要问题是含端炔的原料不易获得。

6.1.3.2 Wittig 缩合反应合成路线

以合适的醛为原料,经 Wittig 反应,羰基成烯直接建立梨小食心虫性信息素中所需的双键,一般由原料直接引入其末端基团。1985 年 Schaub 等(1985)提出以 ω-羟基烷基三苯基磷溴盐和正丁醛为原料出发,合成 I 和 II,该合成路线为较典型的 Wittig 反应方法。此后,有关这一类合成方法相继报道。李森等(1986)以环辛酮为原料经还原开环后酯化制成甲酯庚酸,再与溴化正丁基三苯基膦反应,经 8 步反应合成 I 和 II;Yuan(1995)以 1,8-辛二醇和正丁醛为原料合成 I 和 II;刘复初等(2003)从油酸出发,经钯催化脱羰得十七碳二烯,用硼氢化钙/H_2O_2/NaOH 体系处理,得到相应的伯醇,经臭氧化及 Wittig 反应合成了 Z/E 摩尔比为 25:75 的目标信息素,总收率达 45%。Huang 等(2006)以 10-羟基癸酸为原料,再由 $AcO(CH_2)_7CHO$ 与溴化正丁基三苯基膦反应,经 5 步反应合成梨小食心虫性信息素组合物,总收率 20%。王亚璐等(2007)以二甲亚砜钠盐为强碱,以 1,8-辛二醇和三苯基膦为原料的 4 步合成法,收率为 30%,Z/E 摩尔比为 90:10,反应温和,操作简单易行。李久明等(2008)以廉价的工业化原料 1,6-己二醇为起始原料,以简便的方法合成了 I 和 II,(Z/E 比例经 GC 分析摩尔比为 79:21),总收率为 35.7%。该方法最大的优点是成本低廉。

6.1.4 梨小食心虫性诱剂的载体

目前国内针对梨小食心虫最常用的一种性诱芯载体是天然橡胶制成的橡胶塞。这种载体能对梨小食心虫性诱剂提供有效的保护,维持其化学稳定性,如中国科学院动物研究所研制的梨小食心虫高效性诱芯在田间持效期为 100 d 以上,普通性诱芯为 45 d 左右,且造价低廉。另外还有一些以聚乙烯空心毛细管和塑料管等材料为载体,如徐妍等(2009)以乙基纤维素为囊壳,采用相分离法制备了梨小食心虫性信息素微胶囊粒剂,在室内相对稳定的条件下,能持续释放 110 d 以上;国外如澳大利亚、日本、新西兰等国家防治梨小食心虫使用一种红色的细长形丝状的迷向丝,内附有细铁丝芯,迷向效果好,缓释效果长达 6 个月,但相对造价较高。

6.1.5 性信息素对梨小食心虫雄蛾的引诱作用

Cardé 等(1975)室内行为试验证实 $Z8\text{-}12$:Ac 加入 7% 的 $E8\text{-}12$:Ac 是引起梨

小食心虫雄蛾逆风飞行的关键,再加入 12∶OH 后可以引发近距离的定位,在诱芯周围着陆,振翅,雄蛾尾刷外翻,推测 12∶OH 的作用不在于逆风飞行,而是近距离的预交尾行为。Linn 等(1986)研究发现,单一组分 $Z8\text{-}12∶Ac$ 可以引起雄虫的逆飞,高浓度反应更强,增加异构体不能显著增加起飞反应;在所有的浓度,使用全组分诱芯均可以引发雄蛾逆飞,比单一主成分和 Z,E 二元混合物都强。该实验证实了性腺中微量组分可以增强雄蛾对性信息素的敏感性。Linn 等(1983)研究 $Z8\text{-}12∶OH$ 在室内风洞中对梨小食心虫行为的影响,认为 10% 的含量最佳,Lacey 等(1992)在澳大利亚的研究结果则认为 5% 是最好的。Baker 等(1981)研究发现梨小食心虫预先暴露在高浓度的性信息素组分中,不影响其交尾成功率,意味着没有产生嗅觉适应反应。Willis 等(1984)研究了连续和间断的性信息素释放对梨小食心虫飞行行为的影响,结果表明当在干净的空气流中加入性信息素后,运动轨迹由无序飞行立即改变为朝气味源飞行,如果再恢复通入干净空气流,则其行为又变得无规则。Baker 等(1989)在田间和实验室内分别研究了不同信息素的电生理测定及行为的相关性。Willis 等(1994)应用摄像监控观察了风洞中雄蛾接近性信息素气味源的飞行行为。

Cardé 等(1977)田间诱蛾效果研究发现 $Z8\text{-}12∶Ac$ 加入 7% 的 $E8\text{-}12∶Ac$,可以达到对梨小食心虫的迷向作用,从空纤维载体释放的速率为每日每公顷 0.15 g。Charlton 等(1981)在室内和田间研究了梨小食心虫雄蛾对不同组分和剂量性信息素的反应,使用合成诱芯比较在迷向田和对照田雄蛾的诱捕量;$Z8\text{-}12∶Ac$ 和 $E8\text{-}12∶Ac$ 的比例为 93.5∶6.5,反应剂量依次为 25,2.5 和 0.25 mg,同时在上述两种组分中添加 $Z8\text{-}12∶OH$,结果证明 25 mg 诱芯的迷向率达到 100%,2.5 和 0.25 mg 诱芯的迷向作用则不佳,加入醇后 3 个浓度都可以达到较好的迷向效果。在美国纽约、密歇根等州,$E8\text{-}12∶Ac$ 占 $Z8\text{-}12∶Ac$ 的比例是 7%(Gentry et al.,1975);在韩国这一比例为 4%~6%(Han et al.,2001)。在韩国罗州,尽管腺体提取物中 $Z8\text{-}12∶OH$ 具有 19.1% 的含量,但是田间实验 1% 已足够,因为 1%~10% 的含量引诱效果无差异(Yang et al.,2002);而 Han 等(2001)的研究结果则认为,$Z8\text{-}12∶OH$ 的含量超过 1%,诱捕效果会下降。在我国,中国科学院动物研究所(1976)合成了梨小食心虫的性外激素,并于 6—9 月在北京地区进行了田间试验,研究了诱蛾活性与顺、反异构体比例的关系,也比较了性信息素与糖醋液、黏胶诱捕器与水瓶诱捕器的诱蛾效果。孟宪佐等(1978)在田间用 $Z8\text{-}12∶Ac$ 诱捕梨小食心虫及棉卷蛾(*Adoxophyes orana*),在 $Z8\text{-}12∶Ac$ 中加入少量反式异构体能显著提高诱蛾活性,当反式异构体的含量为 10% 时活性最好。孟宪佐等(1981)研究了梨小食心虫性信息素不同诱芯如天然橡胶、硅橡胶和聚乙烯塑料等载体以及性信息素的剂量、载体的配比、诱芯的形状等对性信息素诱蛾活性和持效期的影响。孟宪佐等(1985),孟宪佐和汪宜蕙(1984)用性信息素诱捕法在辽宁进行了大规模防治梨小食心虫的田间试验。陈汉杰和邱同铎(1998)研究了梨小食心虫性诱剂附加农药的诱捕器设置。王飞高等(2010)采用不同类型诱捕器、不同药剂和不同浓度性信息素比较了梨小食心虫的田间诱捕效果,结果显示不同类型诱捕器中,以黏胶型诱蛾效果最好,其次是水盆型,其他诱捕器不适合诱捕梨小食心虫。屈振刚等(2010)采用橡胶塞载体和水盆法诱捕法,对两类梨小食心虫性诱剂诱芯的诱蛾效果进行了田间对比试验。

6.1.6 梨小食心虫雌蛾对雌蛾性信息素的反应

Stelinski 等(2006)研究了梨小食心虫雌蛾对合成性信息素 $Z8\text{-}12$：Ac，$E8\text{-}12$：Ac 和 $Z8\text{-}12$：$OH(93：6：1)$ 的 EAG 和行为反应,与对照正己烷的反应相比,梨小食心虫雌蛾对合成性信息素的 EAG 反应很强,雌蛾暴露在雌蛾性信息素的气缕中,其召唤行为会提前 2 h,然而在高峰期召唤的雌蛾总数量和召唤终止的时间没有变化;暴露在性信息素和洁净空气的交尾雌蛾的产卵力也没有显著的不同。作者推测雌蛾对性信息素的敏感性机制包括:①在高的害虫种群密度,雌蛾释放性信息素使得其他的雌蛾召唤提前,会增加吸引雄虫的可能性;②在高密度,对性信息素的敏感性反应可以增加雌蛾的扩散,减少对雄蛾和食物资源的竞争;③性信息素作用于聚集雌蛾,从而增加定位雄蛾的可能性。

6.1.7 雄蛾释放的信息素

大部分研究证实,雄蛾释放信息素很难获得行为上的数据,因此,相关的研究并不多。Baker 等(1979)观察梨小食心虫的交尾,发现雄蛾被雌蛾的性信息素吸引到附近后,释放自身的信息素,在离雌蛾几厘米远的地方,反复挤出它们的尾刷,同时不间断地收缩,通过振翅产生的空气流动将挥发物吹向雌蛾,接收信号的雌蛾立即接近味源,用触角接触雄蛾的腹部。

首次鉴定的梨小食心虫雄蛾尾刷挥发物的组分为反式肉桂酸乙酯(ethyl-trans-cinnamate)、蜜曲菌素(mellein)、methyl-2-epijasmonate 和茉莉酸甲酯(methyljasmonate),并且获得了行为上的证据(Nishida et al.,1982)。反式肉桂酸乙酯和 methyl-2-epijasmonate 的二元组合有显著的活性;蜜曲菌素和茉莉酸甲酯单独没有活性,二者与反式肉桂酸乙酯分别组合的二元组合也没有活性;但反式肉桂酸乙酯、蜜曲菌素和茉莉酸甲酯的三元组合则有活性。在电生理上,只有主要成分反式肉桂酸乙酯具有 EAG 活性。蜜曲菌素是一种真菌的代谢产物（Cole et al.，1971），在广布弓背蚁（*Camponotus herculeanus*）中发现（Brand et al.，1973）；茉莉酸甲酯是茉莉精油成分，接近于顺式茉莉酮（cis-jasmone），后者是 *Amauris ochlea* 雄蝶的尾刷信息素（Petty et al.，1977）；methyl-2-epijasmonate 可以从柠檬中分离，可能存在于梨小食心虫取食的寄主果实。以往研究发现，饲养在人工饲料上的雄蛾尾刷没有这种气味物质，而用自然寄主苹果饲养的雄蛾其尾刷中则发现这种物质的存在（Baker et al.，1979）。分析认为取食饲料的幼虫，导致成虫体内信息素合成需要的前体物质不完整，进而影响交尾的成功率。

6.1.8　性信息素的应用

梨小食心虫性信息素交配干扰技术在 30 年前就被成功应用，是目前梨小食心虫性信息素应用研究较为活跃的领域，在世界各地均有报道，包括在意大利（Molinari et al.，1990），澳大利亚（Il'ichev et al.，2006），北美洲（Stelinski et al.，2007；Kovanci et al.，2005），中国（孟宪佐和魏康年，1981；何超，2008）等。几种性信息素的释放技术被用于梨小食心虫交配干扰，包括人工迷向丝技术（Vickers，1990；Kovanci et al.，2005）可喷施的微胶囊技术（Trimble et al.，2004；Kovanci et al.，2009；Stelinski et al.，2007）和蜡滴技术等（Stelinski et al.，2007），大量诱捕，害虫检疫和预测预报。

6.1.8.1　迷向技术

干扰交配，俗称"迷向法"，1960 年 Beroza 首先倡导这一方法。其基本原理是在弥漫性信息素的环境中，雄虫丧失对雌虫的定向行为能力，或是由于雄虫的触角长时间接触高浓度的性信息素而处于麻痹状态，失去对雌虫召唤的反应能力，雌虫得不到交配，这种交配概率的降低导致下一代种群密度降低。

传统迷向丝技术：Cardé 等（1977）认为每公顷使用性信息素人工空纤维诱芯 1 700 根可以迷向。近年的研究证实，当诱芯中性信息素成分含量为 75～250 mg，每公顷放置 500～1 000 根，平均每棵树 1～4 根，在不同的梨小食心虫种群密度、不同的作物、不同的环境条件下，该技术均有效；性信息素每小时从这些诱芯的释放速率是召唤雌蛾的 600～1 000 倍（Stelinski et al.，2007）。孟宪佐和魏康年（1981）用梨小食心虫性信息素迷向法进行防治梨小食心虫的试验，在果园每 666.7 m² 挂 1 个诱捕器，新梢无一被害，虫果率由 50%～100% 下降到 10% 以下。何超（2008）引进日本迷向丝按每 666.7 m² 分别放置 35,25 和 15 根，20 d 后的迷向率分别为 80.43%,96.78% 和 98.32%,15 根的效果最差，25 和 35 根的效果则无明显差异；同时比较了日本迷向丝和自制诱芯或诱管迷向效果的差异，每 666.7 m² 设置 25 根迷向丝和 200 个诱芯或诱管，37 d 后，迷向率分别为 97.19％、93.46％ 和 45.20％。李波等（2008）用微胶囊、梨小食心虫硅橡胶性诱芯 Y（北京中捷四方 股份有限公司）和 Isomate-M Rosso（Pacific Biocontrol Corp，USA）进行迷向效果 比较，结果表明迷向丝和性诱芯对梨小食心虫有很强的迷向作用，效果显著高于自 制的微胶囊。其缺点是产品成本较高，需要大量的人力，在高的害虫种群密度下仍 然需要同时使用农药。

微胶囊技术：利用微胶囊（microencapsulated，MEC）性信息素的思想已经有 30 年的历史了（Cardé et al.，1975）。该技术最早用于苹果蠹蛾（*Cydia pomonella*）迷向干扰（Knight et al.，2004）。由于可喷施微胶囊易操作和灵活，近年被应用 于梨小食心虫的治理（Trimble et al.，2004；Kovanci et al.，2005；Il'ichev et al.，2006）。使用风送喷雾器将性信息素胶囊化，然后喷施在作物上，其优点包括：可以 大大节约劳动力；可以喷施的微胶囊释放性信息素的时间相对较长，对梨小食心虫 迷向干扰比较有效（Trimble et al.，2004；Kovanci et al.，2005；Il'ichev et al.，2006）。该方法还可以与其他果园管理方法兼容，例如农药和化肥，被认为是传统 迷向丝的换代产品。尽管微胶囊技术比较有效，但也存在许多缺点，如成本高，持 效期短（Il'ichev et al.，2006）。目前，用于梨小食心虫的微胶囊 Checkmate 每公 顷使用 10～15 g 有效成分，成本为 30～45 美元，持效期仅为 3～4 周，因此，需要 频繁地使用（每 2～4 周使用 1 次）。手工的迷向丝可以保持迷向 24～28 周 （Kovanci et al.，2005）。此外，大雨可以将喷施到树上的胶囊冲刷掉，活性成分也 会由于紫外线的辐射而降解，这些都大大减少了有效干扰的效果（Knight et al.，2004；Waldstein et al.，2004）。在我国，徐妍等（2009）以乙基纤维素为囊壳，采用 相分离法制备了梨小食心虫性信息素微囊粒剂；同时研究了乳化剂、控释剂、搅拌 速度、有机相中溶剂加入量及水相中聚乙烯醇浓度、有机相滴加速度等因素对该微 囊粒剂的平均粒径及包覆率的影响，并进行了室内释放分析。

蜡滴技术：最近的研究证实，假气味跟踪（或称竞争吸引）是迷向干扰的机制 （Stelinski et al.，2004），这意味着在田间要使用足够多的性信息素"点"才能达到 迷向效果。然而，对于传统的迷向丝，就需要增加大量的劳动力来布置；此外，使用 的性信息素绝对量因增加迷向丝的数量也大大增加，从而提高了成本。因此，开发 新型的迷向技术势在必行。使用蜡滴技术可以较容易地做到尽可能多地布置这些 信息素"点"，增加竞争干扰的强度，最大限度地发挥这种机制。

Delwiche 等（1998）将液体石蜡溶于水，依次加入维生素 E、豆油和抗氧化剂，配制成黏滞状的溶液，其中性信息素有效成分占 5％，在 75 d 之内，其迷向效果与

Isomate-M 100 相当。在梨小食心虫种群密度较高的情况下,蜡滴可以作为一种有效的释放载体,进行迷向。这种载体价格低廉,可以生物降解,易于生产,比传统迷向丝更有效,每个季节使用的量也减少。

迷向干扰中,高密度产生高水平的迷向(Suckling et al.,1996;deLame,2003)。Stelinski 等(2005)使用高密度性信息素蜡滴对梨小食心虫进行交尾干扰。每棵树上使用 30 和 100 滴(折合每公顷 8 200 和 27 300 滴),可以在梨小食心虫高种群密度下干扰交尾,干扰水平比 Isomate-M Rosso 好。将雌蛾束缚在寄主上,检查迷向后雌蛾的交尾情况来评价迷向效果,证实使用 Isomate-M Rosso 迷向后,有 17% 的雌蛾交尾,而使用蜡滴后几乎没有发现雌蛾交尾。两个高浓度(每棵树上使用 30 和 100 滴)比低浓度(每棵树上使用 3 和 10 滴)的效果好。从节约成本上看,每棵树上 10 滴(折合每公顷 2 700 滴),性信息素使用总量为 11 g;而使用 Isomate-M Rosso 迷向丝每公顷需 500 根,消耗活性物质大约为 199 g,但是二者效果相当。不过上述研究均为人工应用注射器将 0.1 mL 的含 5% 性信息素的蜡滴喷施到树上,防治效果达到 4~6 周(大约为梨小食心虫的一代),在美国密歇根州,整个生长季节需要使用 3 次。

Stelinski 等(2006)在已有蜡滴技术的基础上,在卡车上安装机械涂抹器用于大面积喷施含梨小食心虫的性信息素蜡滴,将该技术机械化。每棵树 10 mL,喷施 160 滴,每滴 0.04 mL,处理 1 hm² 果园需要 23 min,为迷向丝所需时间的一半。机械喷施蜡滴的干扰效果从 5 月 6 日到 6 月 27 日,迷向效果达 52 d;但是在夏季的中到晚期(7—8 月)迷向仅仅维持 1 周,其原因是高温导致小蜡滴很快失去效果。研究还发现,由于机械喷施到植物上的蜡滴体积较小,容易挥发,持效期较短,要多次喷施才能达到较为理想的迷向效果,因此,开发使用大蜡滴是解决该问题的关键。

Stelinski 等(2007)首次使用改进的蜡滴技术 SPLAT-OFM(Specialized Pheromone and Lure Application Technology)对梨小食心虫进行迷向干扰。方法是将蜡溶于水里,3 种性信息素 $Z8\text{-}12$：Ac,$E8\text{-}12$：Ac 和 $Z8\text{-}12$：OH(93：6：1)占总重量的 10%,每棵树喷施量为 8 mL,大约 20 滴,蜡滴体积增加为每滴 0.4 g。涂抹器利用水压驱动,由一个定位于树冠上的旋转的双孔分配器将蜡滴以微小体积喷施到树上。从 4 月 24 日开始在 0.8 hm² 的苹果小区使用 SPLAT-OFM 技术防治,经过 17 周的试验,在蜡滴处理区从 1 016 头处女雌蛾中解剖了 732 头,没有发现雌蛾交尾发生,而在对照区雌蛾交尾率是 27%;使用三角形诱捕器进行监测,SPLAT-OFM 处理区诱到的雄蛾数是对照区的 1/46。虽然使用机械 SPLAT-OFM 技术喷施性信息素有效成分的量(每公顷大约 160 g),超过了使用迷向

Isomate-M Rosso(每公顷大约 125 g),但却大大节约了劳动力,1 个果农可以在 20 min 内处理 1 hm² 的果园,比 3 个人使用 Isomate-M Rosso 迷向丝处理相同大小果园大约快 3.4 倍(deLame,2003)。该技术与目前使用的可喷施的微胶囊技术相比,具有更长的持效期,也更抗雨水冲刷和紫外线照射(Knight et al.,2004;Waldstein et al.,2004;Stelinski et al.,2005)。

6.1.8.2　大量诱捕

梨小食心虫性信息素既可以用于虫情测报,又可以直接用于防治。大量诱捕是在田间大量设置性信息素诱捕器诱杀雄虫,导致雌雄比例严重失调,减少雌雄的交配行为,降低子代种群密度。1978—1982 年中国科学院动物研究所与辽宁省绥中县协作(孟宪佐等,1985),连续 5 年在辽宁省绥中县用梨小食心虫性信息素诱捕法防治梨小食心虫效果显著,累计试验果园面积约 1 万 hm²,推广面积 6.7 万 hm²。平均每 0.07 hm² 果园设 1 个诱捕器,有效地控制了梨小食心虫的危害,诱捕区梨小食心虫雌蛾交配率比化学防治区下降 74.2%~82.9%,虫果率下降 50.3%~72.8%,防治费用节省约 50%。大量研究表明,大量诱捕法在低虫口密度下有效,而虫口密度过高则难以达到预期效果。在这种情况下,可首先施用化学农药压低虫口密度,再使用大量诱捕法防治,能收到很好的防治效果。陈汉杰等(1992)通过田间诱蛾比较,筛选出诱蛾力强的性信息素,并且雄蛾的着陆受活动期风速影响明显。吴宝荣等(2006)研究发现梨小食心虫性信息素在 30 d 后仍有良好的诱蛾效果。

6.1.8.3　害虫检疫

梨小食心虫性信息素不仅是害虫预测预报方面的先进方法,也是害虫检疫、疫区扩散范围监测的有效方法。许多国家为有效地保护本国的水果安全生产,把蛀果害虫纷纷列入对外检疫对象。梨小食心虫是《中俄植物检疫和植物保护协定》中俄方提出的检疫性害虫,桃小食心虫、梨小食心虫等则为俄罗斯 2 类危险性害虫。张箭等(2000)采用梨小食心虫性信息素对梨小食心虫等多种蛀果性害虫进行地域分布及鉴定,进行疫情监测。

6.1.8.4　预测预报

Omelyuta 等(1997)于 1992—1993 年,在乌克兰的果园利用黏板和合成的性信息素监测梨小食心虫,从而得到它的发生动态。在巴西 Bento Goncalves 的 2 个桃园,Arioli 等(2005)对梨小食心虫种群季节动态进行监测,每个桃园挂两个

Delta 诱捕器,在桃园生产期发现 4 个高峰,前 7 d 的平均温度与梨小食心虫的诱捕量呈正相关。Kim 等(2011)将信息技术与性信息素诱捕器结合,制作出遥感信息素诱捕器,在韩国苹果园内监测梨小食心虫发生动态及成虫活动时间,发现一年有 4 次高峰。

总之,梨小食心虫性信息素具有活性高、特异性强、使用简便、对天敌安全等优点,用于虫情测报、指导化学防治具有积极的意义。迄今为止,尚未发现梨小食心虫性信息素有毒性的存在。用它与化学防治相结合,可减少农药使用量 $1/2\sim 2/3$,在虫口中密度时采用大量诱捕法,低密度时则采用迷向法直接控制害虫。从食品安全和环境保护的角度出发,采用昆虫性信息素作为防治措施之一也具有非常重大的意义。但是,由于梨小食心虫性信息素结构的立体专一性和配比的严格性,人工合成的条件要求比较严格;同时制剂加工环节需考虑载体材料、控制释放速度、加工工艺和使用方便等诸多因素,使最终诱芯成本比较高。因此,改善梨小食心虫性信息素的合成路线及其制剂加工方法,降低生产成本,对其进行大面积的推广具有十分重要的意义。

6.2 寄主植物挥发性信息化合物与性信息素的协同利用

长期以来,国内外一直使用梨小食心虫性信息素对雄蛾进行监测和防治(Kovanci et al. ,2005;Stslinski et al. ,2005;李波等,2008),并取得了一定的进展。然而,近年来研究发现,梨小食心虫雌雄两性飞行能力具有显著差别,不论从总飞行距离,最长的单独飞行距离以及飞行速度等各项指标,雌蛾都远远大于雄蛾(Dorn et al. ,2001;Hughes and Dorn,2002)。在果园生长后期,特别是孕卵雌蛾有能力从最初为害的桃园迁飞到后期的梨园和苹果园(Yetter et al. ,1932;Steiner et al. ,1933)。迁入新寄主果园的成虫数量,特别是孕卵雌蛾的数量直接决定了该果园受害程度的轻重。可见对梨小食心虫雌蛾的监控是当前治理工作的新挑战,这是仅利用性信息素无法实现的,发展新型的基于梨小食心虫雌蛾的监控技术迫在眉睫。

6.2.1 梨小食心虫寄主转换及相关机制

在昆虫的整个生活史中,寄主选择对其繁衍生存起着至关重要的作用。植食性昆虫主要利用寄主植物产生的次生物质特别是植物挥发物对寄主定位,进而繁殖后代。在果园生态系统中,果树寄主植物嫩梢、叶片和果实释放的信息化学物质被孕卵雌蛾用来寻找潜在的寄主(Masante-Roca et al. 2007)。

梨小食心虫早期为害桃树新梢,晚期则为害桃、梨和苹果的果实,因此与桃园相邻的梨园和苹果园在后期受害加重。近年来,国外一些学者开始研究其转主危害机制。Natale 等(2004)研究了苹果和桃的果实挥发物以及苹果组分己酸丁酯对梨小食心虫雌蛾的吸引作用。在双向嗅觉实验中,成熟与未成熟的桃和苹果果实挥发物对交尾雌蛾均有吸引作用,但是对处女雌蛾没有作用。苹果蠹蛾在 8 月份转主危害苹果也是该虫的一个特点,但在双向嗅觉实验中,8 月份苹果的挥发物并未对交尾雌蛾有显著的吸引(Hern et al.,2002)。上述两种食心虫的研究发现,果实挥发物引起的反应和雌蛾交尾状态有关,而与什么物候期采摘的果实无关,这无法解释梨小食心虫在季节晚期转主危害的现象。

Piñero 和 Dorn(2009)报道了来源于桃和苹果 3 个不同果树生长期的植物材料对梨小食心虫的引诱力,解释了该虫在果树生育后期不同寄主间扩散迁飞的原因。使用的植物材料涵盖了早春的桃梢、长叶的小枝和幼果以及成熟期的果实。在早春桃梢期,桃梢和苹果新梢均可以吸引交尾雌蛾。可见梨小食心虫在寄主植物上或附近以老熟幼虫越冬,成虫羽化以后,桃和苹果园均可以为羽化雌蛾提供产卵场所。关于桃梢对该虫的吸引力已有报道(Natale et al.,2003),但是苹果嫩梢具有和桃梢接近的吸引力是一个新的发现,这可能与近年来苹果园梨小食心虫发生严重是一致的。Myers 等(2006)的研究也发现,在桃树和苹果树之间梨小食心虫的产卵量没有显著差别。

在早果期,交尾雌蛾对长叶果的桃树小枝有趋性,但对长叶果的苹果小枝没有趋性,证明来自桃树的果叶复合体具有吸引力,而苹果树的果叶复合体吸引力较低。分析认为,早果期桃树嫩梢继续保持吸引力,而苹果的果叶复合物之所以没有吸引力,是苹果嫩梢吸引力降低的缘故(Piñero et al.,2009)。

在晚果期,桃和苹果的果实均有吸引力,而桃或者苹果的带叶小枝对雌蛾均没有吸引力。随着季节变化,雌蛾在苹果果实上产卵多,而在桃果实上产卵少。这些试验结果与桃收获后苹果的受害变得严重是一致的(Pollini et al.,1993)。在低纬度地区,苹果园梨小食心虫的危害变得越来越严重,包括瑞典北部(Kathrin et al.,2004)及加拿大(Bellerose et al.,2007)。后期桃园缺少吸引雌蛾的食物资源,从而导致其进行果园间的迁飞以寻找新的栖境(Hughes et al.,2004)。Hughes 等(2002)发现只有一部分梨小食心虫可以在果园间迁飞,Timm 等(2008)使用分子手段证实了这一结论。

6.2.2 寄主植物挥发物的鉴定

Natale 等（2003）报道了梨小食心虫雌蛾对寄主植物桃树新梢挥发物的反应：在双选择试验中，桃梢挥发物对已交尾的雌蛾有吸引力，雌蛾对第一寄主桃和第二寄主苹果叶片的气味反应没有差异；顺 3-己烯丁酸酯（Z-3-hexenyl-acetate），顺 3-己烯醇（Z-3-hexen-1-ol），苯甲醛（benzaldehyde）三组分混合物 4∶1∶1 具有最高的引诱活性，顺-3-己烯丁酸酯和顺-3-己烯醇是两种含量较多的组分，分别占总量的 41% 和 7%，属于绿叶挥发物。绿叶挥发物包括了许多饱和与不饱和的醛、醇、乙酸酯，几乎所有的植物都有。但是在不同的植物中以不同的比例存在（Hansson et al.，1999），植食性昆虫常常依靠这些绿叶挥发物和其寄主中某些特定的组分，寻找和定位各自的寄主（Visser，1986）。在该研究中，苯甲醛应该是梨小食心虫寄主较为特异的化合物。Bengtsson 等（2001）发现在一定时期苹果树中也能检测到这种芳香醛的存在。

交配雌蛾依赖嗅觉对寄主进行定位。梨小食心虫雌蛾之所以选择在桃嫩梢或苹果叶片产卵，是由于这些组织释放的挥发物可以有效地吸引雌蛾。对大部分鳞翅目雌蛾，引起嗅觉反应的化合物具有特异性，这与其寄主植物的范围宽窄是一致的，如梨小食心虫的寄主植物大部分为蔷薇科（Rosaceae），主要是李属（Prunus）或梨属（Pyrus）两个属的果树，反映了其对寄主选择的特异性。相比于多食性的种类，寡食性害虫更依赖于嗅觉信号来选择各自的寄主（Ramaswamy，1988）。

6.2.3 关键寄主植物挥发物的筛选

孕卵雌蛾依靠寄主植物释放的挥发物定位产卵场所，但是就单一气味物质所扮演的角色仍然不是很清楚。Piñero 等（2007）和 Natale 等（2003）的十组分混合物作为基础，混合物中各个组分的相对比例和挥发物天然比例一致，研究了寄主植物挥发物中芳香化合物和绿叶挥发物协同吸引雌蛾，目的是摸清交尾雌蛾对寄主植物挥发物合成品的嗅觉反应，阐述重要组分在吸引雌蛾时的角色。其中包括4 种绿叶挥发物：反 2-己烯醛（E-2-hexenal）、顺 3-己烯醇（Z-3-hexen-1-ol）、1-己醇（1-hexanol）、顺 3-己烯丁酸酯（Z-3-hexen-1-ylacetate）；五种芳香化合物：苯甲醛（benzaldehyde）、苯甲腈（benzonitrile）、苯甲酸甲酯（methyl benzoate）、水杨酸甲酯（methylsalicylate）、氰化苄（phenylacetonitrile）及戊酸（valericacid）。使用消减法，混合物的数量被逐级缩减。

最初使用相对复杂的混合物，包含 7～10 个化合物，5～8 个碳原子数；消减了正己醇和戊酸组成的八组分仍然有引诱活性,暗示这两个组分既没有直接吸引作用,也没有间接的协同作用;从八组分中去掉苯甲腈影响对雌蛾的吸引作用,证实苯甲腈具有重要的作用;尽管苯甲腈在桃梢 22 种天然挥发物中仅仅占 0.14%,但雌蛾对含有该物质的混合物有显著趋性;随后将 3 种最丰富的绿叶挥发物和苯甲醛,另外增加 4 种芳香物质的其中 1 种,组成五组分混合物,证实包括反 2-己烯醛、顺 3-己烯醇、顺 3-己烯丁酸酯、苯甲醛和苯甲腈的五组分混合物,其引诱力和天然桃梢挥发物相当。从五组分活性组合减去其中 1 或 2 种以后得到的三或四组分混合物中,没有两种芳香化合物,3 种绿叶挥发物对雌蛾并没有吸引力;反之,如果仅仅是两种芳香物质,同样其活性不佳。

寄主植物对昆虫的引诱往往是由一般的和特殊的化合物协同起作用(Visser,1986)。Piñero 等(2007)发现绿叶挥发物和芳香化合物协同能吸引梨小食心虫雌蛾,验证了 Harrewijn 等(1995)认为寄主植物释放的普通挥发物需要结合某些特殊混合物才能引诱昆虫的观点。绿叶挥发物是在很多植物中存在的化合物(Mattiacci et al.,2001),苯甲醛是一种相对特异性的植物气味,在蔷薇科 Prunus 属的植物中存在(Macht,1922)。

在以往的寄主挥发物研究中,对活性物质的筛选往往集中在量上占优势的组分(Hern et al.,2002),微量组分常常被忽视,但对于植食性昆虫而言,这些微量组分对于昆虫成功地识别和区分合适的寄主植物起到决定性的作用。苯甲腈本身并没有活性(Piñero et al.,2007),但当它包括在 3 种绿叶挥发物和苯甲醛组成的混合物中,则可以显著增强雌蛾行为反应。

6.3　展望

利用性信息素对梨小食心虫雄蛾进行监测和防治(Kovanci et al.,2005;Stelinski et al.,2005;李波等,2008),取得了一定的进展。Stelinski 等(2006)报道了雌蛾对雌蛾性信息素可以产生反应,Nishida 等(1982)首次对梨小食心虫雄蛾尾刷的挥发物组分进行鉴定。利用寄主植物挥发物实现对害虫的监测在国外已有报道。国外对许多果树害虫如葡萄花翅小卷蛾(*Lobesia botrana*),苹果蠹蛾(*C. pomonella*)和(*Argyresthia conjugella*)的研究也证明,利用寄主植物挥发物作为害虫监测和治理的手段是完全可行的(Hern et al.,2004;Light et al.,2005;Tasin et al.,2005;Bengtsson et al.,2006)。在苹果蠹蛾的研究中,寄主植物挥发物法尼烯(*E*,*E*-α-farnesene)(Hern et al.,1999),己酸丁酯(butylhexanoate)

(Hern et al.,2004),梨酯($2E,4Z$, ethyl decadienoate)(Light et al.,2001,2005)已经很好地应用于田间,并且取得了令人满意的效果。梨小食心虫在果园生长前期主要危害桃梢,在果园生长后期有大量的种群从桃园转移进入梨园和苹果园,在与桃园毗邻的梨园和苹果园造成严重危害。从理论上说,如果摸清了在果树生长前期桃树新梢释放的具有引诱作用的活性物质以及结果后期桃梨等果实释放的影响其转主危害的信息化学物质,鉴定这些挥发物种类和数量,明确寄主植物挥发物在梨小食心虫寄主定位以及后期转主迁飞中扮演的角色,对于我们透彻地解析该虫在复杂的果园生境中与不同种类寄主果树的化学通信机制具有重要的意义。从应用上说,我们可以利用这些寄主植物释放的活性物质控制梨小食心虫的行为,设置"陷阱"。这样,我们不仅可对雌蛾种群动态进行准确监测,而且可以有效地降低果园内雌蛾的种群密度。

将梨小食心虫性信息素和寄主植物挥发物联合起来进行研究具有重要的理论价值和实用意义。梨小食心虫雌雄两性必须共同迁入新的寄主果园,才能交尾产卵,因此,对雄蛾的诱捕和动态监测也是非常重要的。除了传统的使用性信息素外,寄主植物释放的信息化学物质对雄蛾同样具有吸引力。雄蛾接受来自寄主植物的化学信号更有利于其定位寄主和配偶,从而减少了盲目寻找配偶需要消耗的体能。昆虫在寄主植物气味存在时交尾成功率较高,求偶的刺激和高剂量性信息素释放是对寄主植物气味暗示的反应,寄主植物能刺激昆虫性信息素的释放。因此将寄主植物挥发物添加到性信息素中,可以协同或增强性信息素对雄蛾的引诱作用。

7　梨小食心虫性信息素监测与诱捕技术及应用

7.1　背景

　　梨小食心虫（*Grapholitha molesta Busck*）属鳞翅目（Lepidoptera）卷蛾科（Tortricidae），是世界性分布的蛀果害虫。我国除西藏外，其他各地均有分布，是我国北方果区常发性蛀果害虫。梨小食心虫寄主广泛，可危害桃、梨、苹果、杏等10余种果树，是果园主要害虫之一。由于其具有钻蛀习性，幼虫大部分时期是在嫩梢和果实中度过的，因此，如果用药不及时，很难对其进行有效防治。

　　目前生产上对梨小食心虫的防治仍然以化学防治为主。而化学农药具有污染环境、杀伤天敌、危害果品安全、破坏生态平衡等缺点，长期使用化学农药致使该虫已对传统化学农药产生了一定的抗药性，因此，急需绿色、环保、安全的梨小食心虫防控技术。害虫综合治理符合当前人们对绿色环保的要求，成为人们关注的焦点。在害虫综合治理体系中，诱捕是重要的组成部分。诱捕就是利用害虫对某种物质的趋性，制成诱捕器，大量诱杀成虫，达到降低虫口密度、减轻为害的目的。利用昆虫性信息素这一新技术监测和控制有害昆虫并对其进行管理，是保护环境、有效控制害虫的可行途径之一，逐渐取代了早期的诱饵诱捕器以及灯光诱捕器，成为害虫种群动态监测和防治的主要工具。

7.2　技术介绍

7.2.1　测报原理与技术

　　利用梨小食心虫性信息素对雄成虫的诱集作用，配合使用诱捕器，诱捕梨小食心虫成虫，并根据梨小食心虫发生规律及危害特征开展幼虫和其他特定虫态的调查。使用信息素测报诱捕器，根据诱蛾量的多少预测害虫的发生期、发生量、分布区和危害程度,为划分防治对象田和选择防治方法提供依据。

一般通常使用装有人工合成信息素诱芯的水盆或内壁涂以黏胶的纸质诱捕器,根据害虫的分布特点,选择具代表性的各种类型田,设置数个诱捕器,每天记录诱蛾数,掌握目标害虫的始见期、始盛期、高峰期和分布区域的范围大小,按虫情轻重采取一定的防治措施。

7.2.2　诱杀原理与技术

性信息素诱杀害虫技术原理是通过人工合成雌蛾在性成熟后释放出的一些称为性信息素的化学成分,吸引田间同种寻求交配的雄蛾,将其诱杀在诱捕器中,使雌虫失去交配的机会,不能有效地繁殖后代,减低后代种群数量而达到防治的目的。

7.3　应用要点

7.3.1　性信息素测报方法

(1)梨小食心虫监测专用性诱芯的 3 个性诱剂活性组分为:顺 8-十二烯醇乙酸酯、反 8-十二烯醇乙酸酯和顺 8-十二烯醇,三者配比为 93:6:1,每枚性诱芯性诱剂活性组分含量合计为(200±5)μg。各组分纯度要达到 99%。成品诱芯应统一放置在密封的塑料袋内,保存于 1~5℃的冰箱中,保存时间不超过 1 年。诱捕器中的性诱芯应为当年制作的新诱芯,且需每 30 d 更换 1 次。

(2)每个监测点含有一组诱捕器(3~5 个)。选用黏胶板诱捕器或水盆诱捕器。黏胶板诱捕器,材料选用高强度钙塑板,形状为三角形,规格(长×宽×高)为 24.5 cm×18.0 cm×l5.5 cm,白色黏胶板单面涂胶,每张胶板涂胶量为 5 g。水盆诱捕器,选用红色硬质塑料盆,直径 25 cm,性诱芯用细铁丝固定在水盆中央,并配有悬挂用的细铁丝。性诱芯距水面 0.5~1.0 cm,盆中加 0.5%的洗衣粉水。

(3)选择当地具有代表性、集中连片、周围无高大建筑物遮挡、面积不小于 50×666.7 m² 的桃园、梨园等果园。根据果园大小,每个果园从边缘 10 m 起,向中心方向等距离悬挂 3~5 个诱捕器,诱捕器间距不少于 40 m。诱捕器要悬挂在果树树冠的背阴处,悬挂高度 1.5~1.8 m。

(4)成虫监测与防治适期预报。春季桃树、梨树等果树萌芽期,在桃园、梨园等果园悬挂诱捕器,开始进行梨小食心虫成虫发生动态监测。每次成虫连续出现且数量显著增加时,表明进入成虫羽化盛期。越冬世代 6～8 d 后、其他世代 4～6 d 后即为卵孵化盛期,此时即为桃园、梨园等果园梨小食心虫的药剂防治适期。进入秋季后,连续 7 d 诱不到成虫时即结束当年的监测工作。

(5)在整个监测期间,工作人员每周对诱捕器的诱捕情况进行检查,记录调查结果。同时对诱捕器进行必要的维护,一旦发现诱捕器出现损坏或丢失的状况,应立即进行更换并做好相应记录。诱捕器的诱芯每月更换 1 次,黏虫胶板每 2 周更换 1 次,水盆诱捕器要及时更新补充水及黏着剂。

7.3.2　信息素诱杀方法

(1)采用大量诱捕法时,诱捕器密度为 75～150 个/hm²,可有效地降低梨小食心虫的为害。用于防治害虫,一般间隔 20 m 放置 1 个诱捕器;果树密度大、枝叶茂密的果园放置宜密一些,反之,果树密度较小的果园放置间隔可适当远一些。

(2)诱芯的放置时间可根据不同诱杀对象田间为害世代和为害程度确定。性诱剂使用可从春季桃树和梨树开花初期至 10 月中旬。成虫主要发生期,是利用诱芯防治的主要时期。

(3)诱捕器悬挂的高度以诱芯距地面 1.5 m 为宜。

(4)诱捕器的诱芯每 30～45 d 更换 1 次,如使用黏虫胶板每 2 周更换 1 次,如用水盆诱捕器要及时更新补充水及黏着剂。

(5)需大面积连片使用,使用中应注意使用性诱芯防治害虫可以减少化学农药的使用次数,但不能完全依赖性诱芯,应与化学防治相结合。

7.4　应用案例

7.4.1　用性信息素加农药诱杀器防治梨小食心虫

时间地点:1996 年,河南郑州市郊区南曹林场苹果园。

产品规格:所用梨小食心虫性信息素组分为 Z8-十二碳烯醋酸酯：E8-十二碳烯醋酸酯：Z8-十二碳烯醇-1：正十二醇＝9：55：5：300,以橡胶塞为载体。使用性信息素加农药的台式诱杀器。

使用方法:(1)诱杀器密度试验 试验园选在郑州郊区南曹林场苹果园,该果园和其他果园隔离约 1 km,面积 2.5 km² 左右,树龄 15 年,冠高 4 m 左右,密度为 3 m×4 m,品种为金冠、青香蕉和元帅,调查品种以易受害的金冠为主。处理方法:将果园分成 4 个小区,于 4 月份越冬代成虫期每小区挂 2 个水碗性信息素诱捕器,监测成虫发生量。5 月 25 日进行诱杀器处理,设置的 4 个诱杀器密度为 60、135、240、480 个/km²。诱杀器挂于树冠北侧 2.5～3 m 高处,在处理后 3 d 进行虫果率调查,作为处理前基数。然后每个处理区标记 500 个无虫果,定期调查蛀果增长情况。

(2)诱杀器在不同虫口密度下的防治效果 试验园的选择与处理:在郑州郊区南曹乡选隔离苹果园一个,园中混栽桃树 10 余株;在十八里河乡选苹果、桃相邻栽植,但和其他果园隔离的果园一处,另设苹果和桃对照园各 1 个。

田间诱蛾量的监测:在越冬代成虫发生期,在 5 个果园同时挂性信息素水碗诱捕器检测诱蛾量,比较处理前数量变化。

幼虫为害率调查:在诱杀器处理后,调查第 1 代幼虫为害率作为基数,然后在苹果园定果调查,比较不同处理累计虫果率的增加情况。在桃园定株剪去所有被害梢,定期调查并剪除新为害的梢,比较不同处理为害率的差异。

使用效果:(1)田间诱蛾量 经诱杀器处理后,各区内监测诱捕器捕蛾量与诱杀器密度成显著负相关($R=-0.808\ 1$),特别是 480 个/km² 诱杀器区,在处理后 1 个月内,没诱到 1 头雄蛾。

(2)田间蛀果率 4 个处理区在处理时,幼虫蛀果率相差不大。整个试验期间进行 5 次卵虫果调查,在处理的 80 d 内,60 个/km² 诱杀器处理区蛀果累计增加 1.2%,而 135、240、480 个/km² 处理区蛀果率只增加了 0.4%～0.6%。

(3)捕蛾率的下降 经诱杀器处理后,监测诱捕器诱蛾量显著减少。在处理后 80 d 内,处理苹果园诱到 5.42 头/碗;苹果、桃相邻栽植园的苹果区诱到 8.75 头/碗,对照苹果园则诱到 332 头/碗。诱杀桃园捕到 55.5 头/碗,对照桃园捕到 1 597.25 头/碗。经与对照区比较,以每 hm² 208 个诱杀器处理,苹果园在 80 d 内,雄蛾诱捕率下降可维持在 90% 以上,桃园在 50 d 内可维持在 90% 以上。

(4)危害率结果调查:苹果园诱杀器处理后,在开始的 35 d 内无增加受害果,70 d 后,208 个/km² 诱杀器园增加了 0.1%,苹果、桃相邻栽植园,苹果区以 125 个/km² 处理增加了 1.52%,对照园增加了 2.3%。此期间诱杀园喷洒 1 次 40% 水胺硫磷 1 500 倍稀释液,对照园喷水胺硫磷后,又增加 1 次 50% 甲基对硫磷 1 500 倍稀释液。与对照基数相近的条件下,诱杀 35 d 后,处理桃园蛀梢率下降

66.5%,混栽于苹果园中的桃,蛀梢率相对下降 80.42%,70 d 后,两者效果分别为 36.15% 和 77.51%。因桃均为早熟品种,处理后果实很快采收,试验期间均无喷杀虫剂。

完成单位及人员:中国农科院郑州果树研究所(陈汉杰,邱同铎,张金勇)。

7.4.2　不同诱源对梨小食心虫引诱效果的研究

时间地点:2008 年,山西太谷县井神村梨园。

产品规格:性信息素诱芯采用 5 个不同厂家的诱芯,分别为中国科学院动物研究所(A)、中国林业科学院(B)、北京中捷四方生物科技有限公司(C)、辽宁营口天元化工公司(D)和北京格瑞碧源科技有限公司(E)诱捕诱芯。

诱捕器选用红色诱捕盆,直径 25 cm,深 8 cm,置于距地 1.5 m 高处。诱盆中加水,放少量洗衣粉,搅拌均匀。诱芯用细铁丝横穿于诱盆上部,距水面 1 cm 处,每天加水,保持水面到诱芯距离不变。并及时清理诱盆中的虫尸。频振灯、黑光灯采用佳多科工贸有限公司生产的佳多频振式杀虫灯,型号为 Ps-15;黑光灯采用西安市狄寨昆虫诱捕器材厂生产的型号为 Du-Ⅲ 的黑光灯。

糖醋酒液诱芯:称取质量比为 3∶1∶3 的红糖、醋和酒配制糖醋酒液,搅拌均匀,然后取核桃大小的棉球在配好的糖醋酒液中充分浸泡,取出即可。果汁诱芯:摘取新鲜成熟的桃子 2～3 个,用榨汁机榨出桃汁,取相同大小的棉球浸入其中 1～2 min,即配即用。

使用方法:(1)性信息素、糖醋酒液、果汁试验　在太谷井神村桃园内进行,设 3 个处理,分别为动物所诱捕诱芯、糖醋酒液诱芯、果汁诱芯。每处理重复 3 次,随机区组排列,各诱芯之间相隔 20 m。糖醋酒液诱芯和果汁诱芯每天更换 1 次,从 5 月 31 日开始,每天 6:00—7:00 调查记录 1 次盆中虫口数,共调查 9 d。

(2)不同厂家性信息素诱芯试验　在太谷井神村桃园内进行,设 5 个处理,分别为 A,B,C,D,E 厂家的诱芯。每处理重复 3 次,随机区组排列,各诱芯之间相隔 20 m。从 7 月 20 日开始,每天 6:00—7:00 调查记录盆中虫口数,共调查 5 d。

诱芯剂量设 2 个处理,即动物所诱捕诱芯 1 枚,2 枚(用细铁丝穿一块),每枚含性信息素 300 μg。每处理重复 3 次,随机区组排列,各诱芯之间相隔 20 m。从 7 月 24 日开始,每天 6:00—7:00 调查记录 1 次盆中虫口数,共调查 19 d。

(3)频振灯及黑光灯设置　频振灯共设置 3 盏,固定在距地 2 m 高处,呈正三角形设置,两两之间相隔 200 m,每天 18:00 开灯,第 2 天 7:00 关灯,每天早上清理频振灯下袋子里的虫子,连续调查 3 个月。黑光灯设置方法参照频振灯。

使用效果:性信息素诱芯诱捕梨小食心虫的能力与糖醋酒液诱芯和果汁诱芯诱捕梨小食心虫的能力差异显著。性信息素诱芯在整体的诱捕能力上远强于糖醋酒液,果汁诱捕能力最弱,这表明目前大量诱捕梨小食心虫最好的诱芯仍是性信息素诱芯,糖醋酒液诱芯和果汁诱芯诱捕效果不明显(表 7-1)。

表 7-1　性信息素、糖醋酒液、果汁日平均诱虫量对比

种类	诱捕量/头	$F_{0.05}$
性信息素诱芯	103.1±22.8 b	11.88
糖醋酒液诱芯	27.3±12.0 a	
果汁诱芯	5.1±1.3 a	

在虫口密度较大时,性信息素诱芯诱虫最多,糖醋酒液诱芯次之,果汁诱芯则几乎为 0;随着虫口密度的下降,糖醋酒液诱芯诱虫量逐渐趋向于 0,而性信息素诱芯仍可诱到梨小食心虫 40 头左右。这表明无论虫口密度有多大,性信息素诱芯诱捕能力都强于其他 2 种诱芯。

各厂家诱芯诱捕到的梨小虫口数量均高于 99.0 头,各诱捕量之间差异显著。E 诱芯诱捕最多,高达(172.3±10.2)头;A 诱芯诱捕最少,仅(99.3±3.5)头;B,C,D 诱芯诱捕量之间差异不显著。B 诱芯变异系数高于其他诱芯,达 19.6%;E 诱芯次之,为 10.2%。

2 枚诱芯的诱捕能力强于 1 枚诱芯,且诱虫量之间差异显著,1 枚诱芯的诱虫量仅(90.0±33.0)头,2 枚诱芯的诱虫量达(178.7±62.1)头,大约是 1 枚诱芯的 2 倍。2 枚诱芯性信息素含量是 1 枚诱芯的 2 倍,这表明在一定范围之内性信息素含量越多,诱虫量越多。

完成单位及人员:山西农业大学(赵利鼎,李先伟,李纪刚,任文俊,孟豪,马瑞燕)。

7.4.3　用性信息素诱捕法大面积防治梨小食心虫

时间地点:1981—1982 年,在辽宁省绥中县白梨产区。

产品规格:梨小性信息素的主要成分为顺 8-十二碳烯醋酸酯。适量的反 8-十二碳烯醋酸酯能显著提高诱蛾活性。诱芯是释放合成性信息素的载体。采用以天然橡胶为主要原料的小橡皮头诱芯,每个诱芯含梨小性信息素 200 µg。诱捕器是捕虫工具。把口径 16～18 cm 大碗用铁丝拴好,挂在果树的侧枝上,离地面约 1.5 m。碗中盛含 0.1% 洗衣粉的清水,上方系一个诱芯,离水面约 1 cm。

使用方法：1981 年全县用性信息素诱捕法防治的梨园约 4 000 hm²，其中试验梨园约 1 600 hm²。1982 年全县用诱捕法防治的梨园约 5 400 hm²，试验区约为 2 300 hm²。在与诱捕区条件相近的梨园中设常规农药防治区和不防治区，以便进行比较。

根据地形和果树分布情况适当设置诱捕器，诱捕器数量平均 15 个/hm²。在梨树分布零散和虫口密度较高的梨园可适当多设一些诱捕器，但诱捕器的间距不少于 25 m。设专人负责管理诱捕器，每天检查诱捕器中捕获的梨小雄蛾头数，并及时添加或更换碗中的水液，防止水量不足或变质。

诱捕区、化防区及不防治区均按常规进行同样的农业管理。化防区全年喷 5 次杀虫剂，前期（5—8 月上旬）喷 3 次，主要防治苹小食心虫和桃小食心虫，后期（8—9 月中旬）喷 2 次药，用以防治梨小食心虫。诱捕区和不防治区前期的防治与化防区相同，后期不喷农药。不防治区也不设性信息素诱捕器，对梨小食心虫不加防治。

调查方法：卵果和虫果的调查分别调查诱捕区、化防区和不防治区梨小食心虫卵的数量和种类。鉴别有效卵、无效卵和寄生卵。采收时调查三个区的虫果率。

使用效果：诱捕区梨小食心虫虫果率下降 50.3%～72.8%（表 7-2）。

表 7-2　性信息素诱捕区与对照区梨小虫果率

年份	处理	诱捕器数/个	诱捕总数/头	平均虫果率/%	诱捕区比本区虫果率下降/%
1981	诱捕	15 855	338 982	0.77	—
	化防	—		1.55	50.32
1982	诱捕	24 256	970 796	0.64	—
	化防			2.35	72.77
	不防			10.32	93.80

对诱捕区和化防区梨小卵的数量和种类的调查结果（表 7-3）也证明，由于诱捕区梨小雄蛾被大量诱杀，多数雌蛾得不到交配。未交配的梨小雌蛾产的卵不能发育，不久便干瘪了，成为无效卵。诱捕区梨小无效卵的比例比化防区高 1.1 倍，有效卵下降 62%。另一方面，由于性信息素无毒，专一性强，对天敌没有伤害作用，诱捕区梨小卵的寄生率比化防区高 79.4%，这就进一步抑制了梨小的危害，提高了诱捕法的防治效果。

表 7-3　诱捕区与化防区梨小食心虫卵的调查结果

调查梨园		调查果数	卵果总数	卵量总数	有效卵			无效卵			寄生卵		
					数量	百分比/%	比化防区低/%	数量	百分比/%	比化防区低/%	数量	百分比/%	比化防区低/%
诱捕区	Ⅰ	11 400	189	205	31	15.12	68.06	122	59.51	108.81	52	25.37	110.02
	Ⅱ	7 000	167	201	42	20.90	55.85	122	60.70	112.98	36	17.91	48.26
	合计	18 400	356	406	73	17.98	62.02	244	60.10	110.88	88	21.67	79.39
化防区		6 300	189	207	98	47.34	—	59	28.50		25	12.08	

完成单位及人员：中国科学院动物研究所（孟宪佐）、辽宁省绥中县（汪宜蕙，叶孟贤）。

7.4.4　梨小食心虫性诱剂 2 类诱芯的桃园田间诱蛾效果

时间地点：2009 年，河北省顺平县河口镇源头村桃园。

产品规格：梨小食心虫性诱剂 2 类性诱剂均由中国科学院动物研究所提供，分别标记为诱芯 A 和诱芯 B，其中 A 为常规标准型，B 为改进型。2 类诱芯的有效成分均为 Z-8-dodecenylacetate 和 E-8-dodecenylace-tate，载体均为天然橡胶塞，反口钟形，长 1.5 cm，绿色，有效成分含量均为 200 μg。诱芯生产日期为 2009 年 3 月，标注的有效期分别为田间裸露条件下 2 个月、室温密封条件下 12 个月、−18 ℃密封条件下 24 个月。

用水盆（内径 23 cm，绿色硬质再生塑料盆）作为诱捕器。盆口下方 1 cm 处钻 3 个排水孔盆内盛清水至排水孔，加少量洗衣粉。用细铁丝（18♯，长 35 cm）穿 1 枚诱芯横跨在盆口中间并固定，诱芯大头碗口朝下，与水面距离 0.5～1.0 cm。用 3 根细铁丝（18♯，长 35 cm）吊起水盆，上端 6 cm 处折弯，连接 1 个"S"形铁丝钩（12♯，长 16 cm），将铁丝钩挂在树枝上，距地面高度 1.8 m 左右。每 1～2 d 向盆内补充清水至排水孔，或调整铁丝保持诱芯与水面的适当距离，10 d 左右换 1 次清水和洗衣粉，大雨后及时补充洗衣粉。整个试验期未换诱芯。

使用方法：试验设常规标准型诱芯和改进型诱芯 2 个处理，每个处理重复 4 次，按方位旋转排列。处理间距为 5 m，重复间距为 30 m。

调查方法：2009 年 6 月 17 日—8 月 18 日，每天调查盆内诱集的梨小食心虫雄成虫数量，计数完毕后将盆内蛾全部捞出。每天计数的诱蛾量实际主要为前 1 d 傍晚的诱蛾量。以 10 d 为 1 个单位进行时间分段（末段为 13 d），分别计算每个时间段内诱芯 A 和诱芯 B 的每盆平均诱蛾量。

使用效果:(1)2 类性诱芯的诱蛾量比较　在划分的 6 个时间段中,诱芯 B 的每盆诱蛾数始终高于诱芯 A(表 7-4)。

表 7-4　桃园梨小食心虫 2 类性诱芯的诱蛾数量　　　　　　　　　　　　头/盆

日期(月-日)	诱芯 A 诱蛾量	诱芯 B 诱蛾量
6-17~6-26	71.0	115.4
6-27~7-06	16.8	39.8
7-07~7-16	19.3	64.4
7-17~7-26	130.8	262.8
7-27~8-05	41.5	106.9
8-06~8-18	41.0	87.2
平均	53.4 a	112.8 b

注:平均数后小写英文字母不同,表示差异显著($P<0.05$)。

试验观察期内,诱芯 B 平均诱蛾 112.8 头,是诱芯 A(平均 53.4 头)的 2.11 倍,差异达显著水平($df=5,t=3.822,P=0.012$)。6 月 17 日至 8 月 18 日逐日诱蛾量调查,单盆 1 d 最大诱蛾数诱芯 B 为 231 头(7 月 21 日),远远高于诱芯 A(65 头,7 月 23 日)。无论是平均诱蛾数还是单盆 1 d 最大诱蛾数,结果均表明,诱芯 B 的诱蛾效果存在较大优势。

(2)2 类性诱芯的有效期比较　6 月 17 日至 8 月 18 日试验期间未换诱芯,因此认为,2 类诱芯的田间有效期均为 63 d。试验停止时,仍然可以诱到相当数量的成虫,而且未观察到诱芯的诱蛾效果明显下降。2009 年在河北省饶阳县进行的另一试验中,此类改进型 B 诱芯的有效期在 103 d 以上。

完成单位及人员:河北省农林科学院植物保护研究所(屈振刚,李建成)、中国科学院动物研究所(盛世蒙,王红托,盛承发)。

8　梨小食心虫性迷向技术

8.1　背景

梨小食心虫属鳞翅目卷蛾科,简称"梨小",又名东方果蛀蛾,是世界性的主要蛀果害虫之一(Kirk et al.,2013)。由于其发生周期长、世代重叠和钻蛀危害嫩梢、果实等特点,已成为严重危害桃生产的重要害虫(李逸等,2016)。每年对其防治用药次数和用药量比例较大,同时依赖套袋等技术,增加生产成本,且不易保证效果,严重影响果品产量、品质和环境与食品安全(张国辉等,2010)。

梨小食心虫成虫在寄主植物叶片、嫩梢和果实上产卵,幼虫孵化后爬行一段时间即入梢和蛀果为害。因此,卵期和初孵幼虫蛀果前是防治该虫的关键时期。目前生产实践中,这一时期主要采用化学农药进行防治。虽然化学农药的使用对其有一定的控制作用,但梨小食心虫第3代开始出现世代重叠现象,成虫发生高峰期难以划分,田间查卵操作困难,且幼虫钻蛀隐蔽性强,导致了防治难、效果差、用药多、成本高、毒性强、工作繁重等问题。同时,长期大量使用化学农药,既杀伤天敌又使害虫产生抗药性且果品农药残留超标。因此,探索梨小食心虫无害化防治势在必行。

8.2　技术介绍

干扰交配,俗称"迷向法",就是在果园里普遍设置性信息素散发器,使整个果园空间都弥漫性信息素的气味,影响雄虫对雌虫的定向寻找,或是使雄虫的触角长时间接触高浓度的性信息素而处于麻痹状态,失去对雌虫召唤的反应能力,以至于雌雄交配概率大为降低或阻碍雌雄交配,中断种群繁殖,从而使下一代虫口密度急剧下降,达到控制害虫危害的目的(孟宪佐,2000)。在国外,干扰交配是用信息素防治害虫的主要方法(Rothschild and Vickers,1991)。自20世纪70年代起,各国科学家们通过反复研究和田间试验研发了多种梨小食心虫性迷向产品,至今这些产品已在果树生产中得到了广泛应用。目前市售的梨小食心虫性迷向产品主要有缓释管(迷向丝)、膏剂、固体块剂、微胶囊、乳剂等,其中以缓释管剂型应用最广。国际上梨小性迷向产品技术参数见表8-1。

表 8-1　国际上梨小性迷向产品技术参数

产品名	制造商	登记国家	核心物质标准含量/(mg/根)	每年每公顷用量/(根数×次数)	6个月核心物质用量/(g/hm²)
澳福姆	百乐宝	中国	240～260	500 根×1 次	120～130
ISOMATEosso-S	Bioglobal	澳大利亚、新西兰、美国、南非	240～260	500 根×1 次	120～130
Isomate OFM Rosso	Shin-Etsu	澳大利亚	250	500 根×1 次	125
Isomate OFM Rosso	Shin-Etsu	意大利	250	500～600 根×1 次	125～150
Isomate OFM TT	Pacific Biocontrol	美国	480	250 根×1 次	120
SPLAT OFM	ISCA	美国	3%膏状	2 500 mg×2 次	150

8.3　应用要点

8.3.1　使用方法

(1)使用剂量　500 根/hm²,每根产品内含 240 mg 梨小食心虫性信息素。果园树和虫口密度较高时,平均用量增至 900～1 200 根/hm²。大面积连续使用可依年度和时段降低使用密度,节约成本。

(2)使用时间　梨小食心虫越冬代成虫羽化前,越冬代成虫盛发期前一周。悬挂监测诱捕器,诱到第一头成虫时,开始使用迷向散发器,直至作物完成整个生育期(根据作物品种选择不同持效期的迷向产品)。如果果园虫口密度较高,可在梨小食心虫越冬代成虫和第3代成虫发生高峰期3～5 d各配合喷施一次杀虫剂。

(3)使用方法　将产品按果园密度均匀悬挂到树冠的上1/3处的树枝上(树冠中上部),距地面高度应不低于1.7 m,果树背阴面(西向或南向通风较好的枝条上)。

(4)使用面积　5 hm² 以上连片果园或相对独立的果园,一般面积越大,效果越好,单独防治的果园应不少于1 hm²。40根/666.7 m²×1次(持效期6个月);20根/666.7 m²×2次(持效期3个月)。

8.3.2　使用注意事项

(1)果园虫口密度处于中高水平时,适当增加果园迷向丝的悬挂数量,结合化学防治以及其他措施进行综合治理。

(2)坡度较高或存在主风方向的果园,在坡度较高和主风方向边缘处2～4排树(根据地块大小调整)加倍悬挂。

(3)在200 m内有非迷向防治的其他寄主果园,迷向防治果园边缘设置隔离带。隔离带要求在边界3排加倍悬挂迷向散发器,且在边界每隔10 m悬挂一套诱捕器,用来捕捉靶标害虫。

(4)春季回温快,气温比同期高时,应加强监测,提早实施,增加悬挂数量,结合化学防治。

(5)迷向区性诱或糖醋液诱集成虫数量多,用诱捕器实时监测迷向效果,当迷向区诱捕数量增多或抱卵率增高时,根据情况选择局部或整体补挂迷向散发器,结合其他如生物、物理、化学等方法进行防治,以避免经济损失。

(6)影响迷向效果的因素有:气候因素,如春季气温回升快,气温比同期高;果园条件,面积<50亩(3.34 hm²),不连片;虫口密度,虫口密度处于中高水平;实施方式,悬挂位置不正确,减少用量,储存方式不当(冷冻或超温);持效期3个月迷向第二次未在规定日期内悬挂;迷向实施后的雄成虫具有在局部聚集的现象,没有做好监测工作,增加迷向用量或采取其他措施防治。

8.4　应用案例

8.4.1　运城市梨园梨小食心虫性信息素迷向防治技术

时间地点：2012、2013、2014 年，山西省运城市梨园。

产品规格：梨小食心虫性信息素的散发器由北京中捷四方生物科技有限公司生产出售。每根含梨小食心虫性外激素(270±20)mg，载体长度(200±5)mm，外管径(2.3±0.2)mm，内管径(1.5±0.2)mm。梨小食心虫测报专用性诱芯，中国科学院动物研究所生产，每只含梨小食心虫性外激素(200±5)μg，载体为天然脱硫橡胶胶塞，长度(14±2)mm，最大断面直径(10±1)mm，所用监测诱捕器为水盆型诱捕器。

使用方法：单植梨园和毗邻苹果园的梨园各 16 hm²，分别 4 月 1 日、3 月 29 日和 3 月 31 日按每公顷 600、900 和 1 200 根均匀悬挂梨小食心虫性信息素迷向散发器，悬挂高度 1.5 m，并设未悬挂性信息素迷向散发器的对照梨园，面积均为 4 hm²。各处理和对照梨园彼此相距 1 000 m 以上，且均设置 5 个梨小食心虫性诱芯水盆型诱捕器监测梨小食心虫成虫，挂在各处理的中心部分，诱捕器离地高度 2 m，均匀分布在田间。

梨小食心虫性信息素迷向散发器 3 个月后增挂一次，水盆型诱捕器性诱芯每月更换一次。迷向处理区和对照区均使用化学药剂进行病虫害防治，药剂品种相同。

调查方法：自 3 月底开始，每隔 5～7 d 调查记录 1 次水盆型诱捕器的诱蛾量，比较各处理区诱蛾量的变化情况，并计算迷向率。在梨果实采收前，调查各处理果实为害情况。调查不少于 5 株树，每树按东、西、南、北、中 5 个方位进行，各随机调查 20 个果实，每株树调查 100 个果实，记载梨小食心虫为害的虫果数，计算虫果率和防治效果。计算公式如下：

$$迷向率 = \frac{对照区平均诱蛾数 - 迷向区平均诱蛾数}{对照区平均诱蛾数} \times 100\%$$

$$虫果率 = \frac{调查果实中梨小食心虫为害的虫果数}{调查总果实数} \times 100\%$$

$$防治效果 = \frac{对照区虫果率 - 迷向区虫果率}{对照区虫果率} \times 100\%$$

使用效果: 在单植和毗邻苹果园的梨园内设置 3 种不同密度的性信息素迷向散发器后,梨小食心虫的蛀果率均显著低于对照园,防治效果逐年提高,并且单植梨园的防治效果高于毗邻苹果园的梨园。其中,2014 年,设置 600、900 和 1 200 根 /hm² 3 种密度的单植梨园内,梨小食心虫的蛀果率最低仅为 0.40％、0.20％、0.20％,防治效果分别为 80.00％、90.00％ 和 90.00％;而设置相同密度的毗邻苹果园的梨园内,梨小食心虫的蛀果率最低则为 0.80％、0.40％ 和 0.40％,防治效果分别为 69.23％、84.62％ 和 84.62％(表 8-2)。

表 8-2　不同密度性信息素迷向散发器处理的单植和毗邻苹果园
的梨园梨小食心虫蛀果率和防治效果　　　　　　　　　　　　　　%

梨园种类	密度/(个/hm²)	2012		2013		2014	
		蛀果率	防效	蛀果率	防效	蛀果率	防效
单植果园	600	1.40±0.51 cd	61.11	0.60±0.40 b	78.57	0.40±0.40 b	80.00
	900	1.00±0.55 cd	72.22	0.40±0.24 b	85.71	0.20±0.20 b	90.00
	1 200	0.40±0.24 d	88.89	0.20±0.20 b	92.86	0.20±0.20 b	90.00
	CK	3.60±0.87 b	—	2.80±0.66 a	—	2.00±0.32 a	—
毗邻苹果园	600	2.60±0.68 bc	51.85	1.20±0.58 b	64.71	0.80±0.37 b	69.23
	900	1.80±0.58 cd	66.67	0.80±0.37 b	76.47	0.40±0.24 b	84.62
	1 200	1.20±0.58 cd	77.78	0.60±0.40 b	82.35	0.40±0.24 b	84.62
	CK	5.40±0.51 a	—	3.40±0.93 a	—	2.60±0.68 a	—

注:同列数据后不同小写字母表示在 0.05 水平上差异显著。

完成单位及人员: 山西省农业科学院植物保护研究所(刘中芳,庾琴,高越,范仁俊)。

8.4.2　梨小食心虫迷向丝在北京平谷地区桃园的应用效果

时间地点: 2014 年,北京市平谷区桃园。

产品规格: 试验所用梨小食心虫迷向丝为深圳百乐宝生物农业科技有限公司生产的澳福姆迷向丝,持效期达 6 个月。

使用方法: 在平谷地区,梨小食心虫越冬代成虫 4 月上旬即可用性诱剂诱到,正常年份于 4 月下旬出现越冬代成虫高峰期。4 月底前,在树高 2/3 处的牢固分枝上拧挂迷向丝,每 666.7 m² 拧挂 30～33 根,迷向丝纵横间距(4～5) m×

5 m。桃园最外围的树,迷向丝拧挂在树的内侧。每处桃园应用面积不小于 3.3 hm²,连续使用,不出现断带。同时设置未使用迷向丝桃园作为对照。使用迷向丝桃园与对照桃园栽培管理方法相同。该试验时期达 5 个月,时间较长,且试验面积大,为避免造成经济损失,在试验桃园和对照桃园内部都进行了正常的药剂防治。

调查方法:分别在 8 月和 10 月初,按照 5 点取样法在使用迷向丝桃园和对照桃园各选有代表性树 5 株,调查蛀梢数、虫果数,计算蛀梢率、蛀果率。

使用效果:调查结果表明,在正常栽培管理、防治病虫害的基础上,利用迷向丝防控梨小食心虫的桃园,蛀梢率均明显低于对照桃园,其平均蛀梢率、平均蛀果率分别为 1.89%、0.16%,对照桃园依次为 11.61%、2.23%(表 8-3),说明迷向丝的防治效果很好。

表 8-3　迷向丝对梨小食心虫的防控效果　　　　　　　　　　　　　　%

地点	迷向丝桃园		对照桃园	
	蛀梢率	蛀果率	蛀梢率	蛀果率
王辛庄镇许家务村	0.12	0.18	0.93	1.69
王辛庄镇西杏园村	0.41	0.18	1.06	0.80
南独乐河镇望马台村	2.98	0	3.13	0
金海湖镇上宅村	13.20	0.58	29.40	3.00
山东庄镇李辛庄村	0	0	1.33	0
大华山镇大峪子西山	0.60	0.20	10.20	4.20
大华山镇后北宫	0.48	0	20.70	0
大华山镇麻子峪	1.25	0	16.00	0
大华山镇泉水峪	0.90	0.04	15.44	0.60
大华山镇砖瓦窑	0.67	0.05	17.53	1.33
峪口镇西营村	0.20	0.50	12.00	4.00
平均值	1.89	0.16	11.61	2.23

完成单位及人员:北京市平谷区人民政府果品办公室(张文忠,张承胤,史贺奎,张金株,崔晓岚,关伟)。

8.4.3 应用性信息素迷向技术防治桃园梨小食心虫的效果与分析

时间地点: 2015 年,陕西省泾阳县云阳镇桃园。

产品规格: 梨小食心虫迷向丝长度 20 cm,外径 2 mm,内径 1 mm,两端封口的毛细管,由聚乙烯材料做成,是由宁波纽康生物技术有限公司生产的。整个试验期间 1 次悬挂迷向丝,不更换。监测诱捕器由宁波纽康生物技术有限公司提供。性信息素诱芯为反钟口型的灰色合成橡皮塞,长 15 cm,试验期间共更换 3 次诱芯,每 40 d 更换一次;诱捕器为黏胶型诱捕器,根据诱蛾量和调查的需要,在试验期间均同时更换 5 次黏板。

使用方法: 试验设置 1 个处理区、1 个对照区,同时在 2 个区域悬挂种群监测诱捕器。处理区设在连片 100×666.7 m² 的桃园,果园内立体、均匀挂置迷向诱芯,果树树冠上、中、下,四周均一分布,按 60 枚/666.7 m²,共计 6 000 枚。为了达到弥漫性信息素的效果,1/3 迷向诱芯系吊在树冠的底部高度树杈上,1/3 系吊在树冠的 1/3 高度树杈上,1/3 系吊在树冠的 2/3 高度树杈上。对照区距离处理区 500 m 以上,无迷向诱芯处理。同时在处理区和对照区的东、西、南、北、中五个方位各设置 1 个监测诱捕器诱捕成虫进行种群监测。诱捕器悬挂在树冠中部高度,即诱芯距地面 150 cm 高度处。

调查方法: (1)监测诱捕器诱蛾量记录　从悬挂迷向丝开始,每 10 d 调查一次各诱捕器的诱蛾量并记录整理,每次调查完,随时用镊子把黏板上的虫体清理干净,以防影响诱捕效果及下次调查。

(2)折梢率、蛀果率调查　在处理区和对照区的东、南、西、北、中五个方向各随机选 3 棵桃树,每个区 15 棵,每 10 d 调查 1 次总嫩梢数、折梢数、总果数(包括脱落的果实)、蛀果数,为了明确调查各段时间的为害情况,每次调查完之后应随即摘除为害梢和蛀果。计算迷向率和防治效果,公式如下:

$$迷向率 = \frac{1-处理区诱蛾量}{对照区诱蛾量} \times 100\%$$

$$折梢防效 = \frac{1-处理区折梢率}{对照区折梢率} \times 100\%$$

$$蛀果防效 = \frac{1-处理区蛀果率}{对照区蛀果率} \times 100\%$$

使用效果：整个试验期间性信息素对梨小食心虫的迷向率最高可达98.76%，迷向效果明显。迷向率随着使用迷向丝时间的延长呈现出递增现象，迷向效果随着梨小食心虫代次的增加不断提高，表明使用迷向丝时间越长迷向效果越好。

5月初至6月中旬期间，处理区与对照区的折梢率和蛀果率基本相当，表明使用迷向丝的防治效果与药剂相当；6月中旬桃果进入成熟期，处理区与对照区均停止用药后，处理区折梢率和蛀果率都明显低于对照区，说明处理区的迷向丝仍能发挥良好的防治作用。在表8-4中通过计算得出折梢防效在63.33%～94.18%，蛀果防效在66.29%～96.65%，防效越高说明使用迷向丝防治梨小食心虫的效果越好。由此可见，迷向丝能有效控制梨小食心虫造成的桃树折梢和蛀果情况，折梢减少，叶片的光合作用就会加强，营养物质的形成和运输就能得到保证，从而有利于果实生长，使桃果的质量和商品价值也能得到保证和提高。

表 8-4　桃园梨小食心虫防效调查　　　　　　　%

调查时间（月-日）	处理区		对照区		防效	
	折梢率	蛀果率	折梢率	蛀果率	折梢率	蛀果率
05-04	0.10	0	0.80	0	87.50	—
05-14	0.70	0.01	2.50	0.30	72.00	96.65
05-24	0.55	0.03	1.50	0.40	63.33	92.50
06-03	1.20	0.40	3.40	1.70	64.71	76.47
06-13	0.32	1.10	5.50	5.80	94.18	81.34
06-23	2.13	0.80	9.10	5.00	76.59	84.00
07-03	2.45	2.00	8.30	7.10	69.88	71.83
07-13	2.00	2.50	7.20	8.30	69.44	69.88
07-23	2.73	3.00	9.50	8.90	71.26	66.29
08-02	2.50	—	7.50	—	66.67	—
08-12	3.20	—	10.00	—	68.00	—
08-25	2.30	—	8.20	—	71.95	—
平均	1.68	1.09	6.13	4.17	72.96	79.87

完成单位及人员：陕西省植物保护工作总站（王亚红）、泾阳县植保植检站（李苗，韩魁魁，许晓静，谢媛）。

8.4.4　梨小食心虫迷向膏剂的田间应用研究

时间地点：2014 年，河北省新乐市梨园。

产品规格：梨小食心虫诱芯(北京中捷四方生物科技有限公司)，梨小食心虫性信息素乙酸乙酯溶液(北京中捷四方生物科技有限公司)；梨小食心虫迷向管(150 cm)(北京中捷四方生物科技有限公司)，梨小食心虫和苹果蠹蛾混合迷向丝、三角形诱捕器(北京中捷四方生物科技有限公司)。迷向膏剂，称取定量的梨小食心虫性信息素乙酸乙酯溶液和月桂醇、月桂醇乙酸酯、羊毛脂、聚异丁烯、凡士林、聚乙二醇、β-环状糊精、2,6-二叔丁基-4-甲基苯酚，在 25℃下置于磁力搅拌器上持续搅拌至均匀糊状或膏状。

使用方法：迷向膏剂的田间药效试验。试验地点设在河北省新乐市西田村酥梨园，树势整齐，树龄大小一致，共设梨小食心虫迷向膏剂东、西、南、北、中 5 个方向处理及 2 个对照梨小食心虫迷向管、梨小食心虫和苹果蠹蛾混合迷向丝处理。每个处理重复 3 次。在每个处理组及对照组均匀设置 3 个诱捕器(内含梨小诱芯)，离地约 1.5 m。2014 年 4 月 9 日开始试验，4 月 21 日记录数据，6 月 17 日试验结束。膏剂用小勺涂在梨树中上部背光处的粗树枝上，均匀涂在每棵树的南北或东西两面，边缘处加倍涂，迷向区的形状为正方形，面积为 3.3 hm²。梨小食心虫迷向管、梨小食心虫和苹果蠹蛾混合迷向丝每棵树挂 2 个，均匀分开挂到梨树的南北或东西两面，挂在梨树的中上部，边缘行加倍悬挂，迷向区的形状为正方形，面积为 3.3 hm²。迷向试验区外 10 m 设置空白对照。

调查方法：(1)诱蛾量调查　每个处理迷向区诱捕器的悬挂分为东、西、南、北、中 5 个方向，分别用字母 E，W，S，N，M 标记，每个方位放 3 个诱捕器，紧挨迷向区的标记为 1，如 E1，隔 2 行树标记为 2，如 E2，以此类推。2 d 统计一次，8：00—10：00 进行统计，首先用镊子将胶板上的活虫处死，然后检查各诱捕器胶板上雄蛾数量(数量多时可划方格分开数)，检查完毕后用镊子将胶板上的雄虫清除，再把胶板放回诱捕器，当胶板黏性不大时及时更换，尽量保持每个诱捕器胶板的黏性一致(昼夜不收回)。

(2)虫果率调查　结合采收，采取 5 点取样，每株树按东、西、南、北、中 5 个方位调查，共调查 600 个果实，重复 4 次，记录梨小食心虫为害的虫果数。

使用效果：对果园蛀果率调查发现(表 8-5)，经膏剂、迷向管及混合迷向丝处理的果园，平均蛀果率显著低于对照区，说明 3 种不同的迷向剂型对梨小食心虫均能有良好的迷向效果；而经膏剂处理的平均蛀果率为 0.29％，显著低于迷向管、混合迷向丝，表明膏剂相对于迷向管及混合迷向丝更有利于梨小食心虫次代虫口密度的控制。

表 8-5　不同迷向剂型蛀果率调查

处理	总果数/个	蛀果数/个	蛀果率/%	平均蛀果率/%
膏剂	600	3	0.50	0.29 c
	600	2	0.33	
	600	0	0	
	600	2	0.33	
迷向管	600	8	1.33	1.04 b
	600	6	1.00	
	600	4	0.67	
	600	7	1.17	
混合迷向丝	600	6	1.00	1.17 b
	600	9	1.50	
	600	5	0.83	
	600	8	1.33	
对照	600	42	7.00	6.13 a
	600	35	5.83	
	600	31	5.17	
	600	39	6.50	

结果表明在迷向区边缘,膏剂的诱蛾量低于迷向管、混合迷向丝;在不同的迷向方位,不同剂型的诱捕量各有不同,诱蛾量的大小与果园温度、风向及缓释材料等因素有关。

完成单位及人员:山西省农业科学院植物保护研究所等(高越,郭瑞峰,史高川,刘中芳,张鹏九,马四国,封云涛,范仁俊)。

8.4.5　迷向处理对梨小食心虫的防治效果

时间地点:2009 年,陕西省梅县槐芽乡红八组村桃园。

产品规格:梨小食心虫迷向丝(澳大利亚 BioGlobal 公司生产);迷向诱芯(中国科学院动物所研制)。

使用方法:试验共设 5 个处理,分别是 900 个/hm² 诱芯迷向防治、450 个/hm² 诱芯迷向防治、495 个/hm² 迷向丝迷向防治、255 个/hm² 迷向丝迷向防治及对照(常规防治)。每个处理重复 3 次。共 15 个小区,小区面积为 0.13 hm²,小区间设

30 m 保护行。

调查方法:(1)诱蛾量调查 在每个处理之内均匀设置 3 个梨小食心虫性诱芯水盆诱捕器,挂在各小区的中心部位,离地约 1.5 m。从 2009 年 5 月 5 日开始,每 2~5 d 检查一次,直至桃园成虫不再出现。每次检查后将水盆中的蛾子捞出,记录各处理的诱蛾量。

(2)虫梢率调查 每小区采用五点取样法,每点一棵桃树,每棵桃树分为东、西、南、北、中 5 个方位,每个方位调查 20 枝当年新抽枝条,共调查 100 枝,记录被害虫梢数。按照下列公式计算各处理对梨小食心虫的迷向率和防治效果。

$$迷向率 = \frac{1-迷向区诱蛾总量}{对照区诱蛾总量} \times 100\%$$

$$防治效果 = \frac{1-迷向区虫梢率}{对照区虫梢率} \times 100\%$$

使用效果:迷向处理后,处理区的诱蛾量比对照区的诱蛾量明显减少。特别是在蛾量发生的高峰日的 6 月 28 日和 7 月 10 日,对照区诱蛾量远远高于处理区的诱蛾量,且各处理区诱蛾量一直保持在较低水平。迷向处理 96 d 后,各处理迷向率均在 90% 以上,其中 495 个/hm² 迷向丝处理的迷向率为 90.23%,255 个/hm² 迷向丝处理的迷向率为 95.41%,900 个/hm² 诱芯迷向率为 93.31%,450 个/hm² 诱芯迷向率为 96.39%(表 8-6,表 8-7)。

表 8-6 不同信息素各处理对梨小食心虫的迷向效果

处理	诱蛾量/(头/诱芯)			平均迷向率/%
	重复 1	重复 2	重复 3	
495 个迷向丝/hm²	3	20	4	90.23
255 个迷向丝/hm²	1	4	13	95.41
900 个诱芯/hm²	5	5	8	93.31
450 个诱芯/hm²	2	2	8	96.39
对照(CK)	49	96	172	—

表 8-7 不同信息素各处理对梨小食心虫迷向控制效果

处理	诱蛾量/(头/诱芯)			平均虫梢率/%	防效/%
	重复 1	重复 2	重复 3		
495 个迷向丝/hm²	4	1	5	3.33 b	64.35 a
255 个迷向丝/hm²	2	4	2	2.67 b	69.26 a
900 个诱芯/hm²	2	5	2	3.00 b	65.09 a
450 个诱芯/hm²	2	3	4	3.00 b	66.76 a
对照(CK)	9	8	10	9.00 a	—

完成单位及人员：西北农林科技大学植物保护学院(张国辉,黄敏,仵均祥,杜娟,蔡明飞,鲍晓文)。

8.4.6 微胶囊迷向剂飞机防治梨小食心虫

时间地点：2013年,新疆巴州库尔勒市哈拉玉宫乡、和什力克乡香梨园。

产品规格：北京中捷四方生物科技有限公司生产的梨小食心虫微胶囊迷向剂。监测用梨小食心虫诱芯及配套诱捕器由北京中捷四方生物科技有限公司提供。

使用方法：试验用飞机为斯瓦策S300C型直升机,由美国西科斯基公司生产。该飞机每架次飞行可载药200 kg,防治面积66.67～100 hm²,属于超低量喷雾。作业时飞行高度距树冠5～8 m,风速5 m/s以下时飞行速度70～120 km/h,有效喷幅50 m。飞防导航采用GPS导航,飞行部门严格按照GPS导航数据进行飞防作业。

哈拉玉宫乡266.67 hm²试验地,每公顷用量750 g微胶囊,另外400 hm²试验地,每公顷用量1 500 g微胶囊,喷嘴大小均为0.6 mm,并设置常规化学防治对照和空白对照,每个处理和对照各3次重复,4月上旬和6月中旬各施用1次。

在和什力克乡666.67 hm²试验地,每公顷用量1 500 g微胶囊,另外133.33 hm²试验地,每公顷用量3 000 g微胶囊,喷嘴大小均为0.7 mm,并设置常规化学防治对照和空白对照,每个处理和对照各3次重复,4月上旬和6月中旬各施用1次。

调查方法：(1)成虫监测 选择三角形诱捕器,在试验区和对照区开展梨小食心虫成虫监测。在果园内每公顷悬挂15套诱捕器,悬挂高度1.5 m,对所有诱捕器进行编号;梨小食心虫诱芯采用橡胶载体,每个月更换一次。监测于4—8月进行,每7 d调查2次,调查时逐一检查诱捕器中梨小食心虫数量。对于诱捕数量较多(成虫数量超过30～40头/板)的诱捕器,要及时更换黏虫板,以保证监测效果真实可靠。

(2)蛀果率调查 8月开始仔细抽查果实是否蛀果,统计蛀果数量,在试验区和对照区果园内随机选取20株有代表性的果树,每株果树上抽取30个果实进行检查,果实抽取时应兼顾上、中、下和东、南、西、北等不同方位。对具有被害特征的果实进行剖果。

$$迷向率 = \frac{1 - 迷向区诱蛾总数}{对照区诱蛾总数} \times 100\%$$

$$防效 = \frac{1 - 迷向区蛀果率}{对照区蛀果率} \times 100\%$$

使用效果: 采用 0.77 mm 的喷嘴、微胶囊迷向剂的施用量 1 500 g/hm² 时,防治效果较好,其迷向率为 97.25%;蛀果率为 2.13%,比空白对照减少约 21 个百分点,比常规化学防治减少约 3.32 个百分点;相对防效为 90.28%,比常规化学防治高出约 14 个百分点。试验中发现,由于新疆地区的高温,微胶囊迷向剂的持效期较短,应继续开发稳定性高且作用期长的新产品;另外,飞防法防治易受地形的影响,适合于较平坦且无防护林带的地区(表 8-8)。

表 8-8 不同药剂浓度处理防治梨小食心虫效果分析

地 点	处 理	诱捕虫量/头	迷向率/%	蛀果率/%	防效/%
和什力克乡	空白对照区	29 798.33 A	—	23.20 A	—
	1 500 g/hm²	820.67 B	97.25	2.13 B	90.82
	3 000 g/hm²	1 039.67 B	96.51	2.62 B	88.71
	常规化防区	3 998.00 C	—	5.45 C	76.51
哈拉玉宫乡	空白对照区	29 798.33 a	—	23.20 A	—
	750 g/hm²	5 291.67 b	82.24	8.57 B	63.06
	1 500 g/hm²	4 405.33 c	85.22	4.60 C	80.17
	常规化防区	4 426.33 c	—	5.13 C	77.89

注:小写字母表示数据具有显著差异($P<0.05$);大写字母表示数据具有显著差异($P<0.01$)。

完成单位及人员: 新疆重点林业工程质量管理总站、新疆巴音郭楞蒙古自治州森林有害生物防治检疫局、新疆维吾尔自治区林业有害生物防治检疫局、新疆库尔勒市香梨研究中心、山西省农业科学院植物保护研究所等(帕尔哈提·吾吐克,张磊,主海峰,李世强,范仁俊,王滔,赵腾)。

8.4.7 莱阳市梨园和桃园信息素迷向法规模化防治梨小食心虫

时间地点: 2010 年,山东省莱阳市河洛镇梨园和桃园(相距 10 km)。

产品规格: 诱尔牌梨小食心虫信息素散发器含有梨小食心虫性外激素 20 mg/根、梨小食心虫性诱芯含有梨小食心虫性外激素 0.5 mg/个,均由北京中捷四方生物科技有限公司生产。

使用方法: 桃园和梨园各 12 hm²,于 2010 年 5 月 2 日每公顷分别悬挂 450、900 和 1 350 根梨小食心虫信息素散发器,并以不挂信息素散发器的桃园、梨园为对照,每处理面积 3 hm²,同时在每处理园中设置 5 个梨小食心虫性诱芯水盆诱捕器,挂在各处理的中心部分,离地面约 1.5～2.5 m,均匀分布在田间。

调查方法: 每隔 5～7 d 调查记录 1 次诱蛾量,每次检查后将诱集到的蛾子捞出,比较各处理区诱捕器诱蛾量的变化情况。从 6 月 1 日开始每 10 天左右,在每处理果园随机选择 5 株果树;调查其所有新梢、果实以及被蛀新梢和被蛀果实数量。7 月 16 日按照第 1 次方法重新悬挂信息素散发器和性诱芯水盆诱捕器。桃园与梨园按照当前农业生产管理方式进行病虫害防治。按以下公式计算迷向率和防治效果:

$$迷向率 = \frac{1 - 迷向区诱蛾总量}{对照区诱蛾总量} \times 100\%$$

$$防治效果 = \frac{1 - 迷向区蛀果率}{对照区蛀果率} \times 100$$

使用效果:应用信息素散发器的桃园与梨园中,梨小食心虫发生数量明显低于对照园,使用密度增加,梨小食心虫的发生数量降低,迷向率增加。每公顷施用信息素散发器 450、900、1 350 根的桃园,对梨小食心虫的迷向率分别为 67.80%、80.14%、89.29%,而梨园中对梨小食心虫的迷向率分别为 84.17%、93.41%、98.17%。桃园与梨园施用信息素散发器后,梨小食心虫的蛀果率明显低于对照园,桃园与梨园对梨小食心虫的防治效果分别在 40.34%~73.57% 和 54.24%~92.38% 之间。研究表明,梨园中信息素散发器对梨小食心虫的防治效果高于桃园。

完成单位及人员:青岛农业大学农学与植物保护学院、山东省农业科学院植物保护研究所(周洪旭、李丽莉、于毅)。

8.4.8 应用性信息素迷向法防治梨小食心虫试验

时间地点:2007 年,陕西省蒲城县梨园。

产品规格:梨小食心虫性信息素均由中国农业大学提供,共 3 种。中捷四方性诱芯,由北京中捷四方商贸有限公司生产的诱尔牌梨小食心虫绿色橡胶诱芯(以下简称诱芯);中农诱管,为内装淡黄色梨小信息素粉剂的 1.5 mL 塑料离心管(中国农业大学研制,以下简称诱管);日本迷向丝,红色细长形丝状,直径约 3 mm,长 30 cm,外为一层包裹有信息素制剂的胶层,内为细铁丝芯(从日本引进,以下简称迷向丝)。监测用的水盆诱捕器均为市售彩塑盆,内径为 25 cm,用细铁丝穿起,使用时挂于树上。

使用方法:试验设在陕西省蒲城县东杨乡滑曲村韩家组梨园内,往年梨小食心虫危害严重,主栽品种为多年生早熟酥梨,株行距 2.5 m×3 m,树势整齐,试验期间处理园内不喷用农药。

试验于 8 月 6 日进行,共设迷向丝、诱芯、诱管和空白对照 4 个处理。每个处理重复 3 次,共 12 个小区,每小区面积为 0.13 hm²,小区间设 20 m 保护行。迷向丝每棵树 1 个直接缠绕在树干上,隔行处理,25 根/666.7 m²,每小区共处理 50 棵树,其余 50 棵树不处理;诱芯两枚一组用细铁丝穿起,每棵树树冠两侧各挂一组,200 枚/666.7 m²,每小区共处理 100 棵树;诱管 2 个一组,用胶带分别缠于树冠两侧的枝条上,每棵树 2 组,用前在管口用针头扎一小孔,管口略向下倾斜,以保证引诱物质气味畅出和防止瓶内物质被雨水淋湿,200 个/667 m²,每小区共处理 100 棵树;对照区不做任何处理。各信息素在树上的高度距地面为 1.5 m 左右。

调查方法:在每个处理之内设置 3 个梨小食心虫性诱芯水盆诱捕器,挂在各处理的中心部分,离地约 1.5 m,水盆诱捕器之间相距约 6 m,田间诱蛾量的监测从 8 月 6 日到 9 月 12 日结束,开始每隔 2 d 调查记录一次诱蛾量,峰期以后分期检查,每次检查后将已诱到的蛾子捞出,比较各处理区诱捕器诱蛾量的变化情况;迷向处理前进行防前基数调查,同时在各小区中心部分随机标定 10 棵树共 100 个无虫果,采收时调查标定果实的蛀果数量,计算新增蛀果率和防治效果。按下式计算各信息素对梨小食心虫的迷向率和防效。

$$迷向率 = \frac{1 - 迷向区诱蛾总量}{对照区诱蛾总量} \times 100\%$$

$$防效 = \frac{1 - 迷向区蛀果率增量}{对照区蛀果率增量} \times 100\%$$

使用效果:迷向处理后迷向丝和诱芯处理区诱捕器的诱蛾量比对照区诱捕器的诱蛾量显著减少,特别是迷向丝处理区的诱捕器在迷向 10 d 以后,在对照区诱捕器仍可大量诱到梨小成虫的情况下,其诱蛾量均为零,没有诱到一只蛾子,说明这两种信息素的迷向效果很好,雄蛾对雌蛾的定向已被严重干扰,迷向 37 d 后,迷向丝的迷向率高达 97.19%,诱芯的迷向率为 93.46%,诱管的迷向率较差,为 45.20%,各处理间迷向率存在极显著差异(表 8-9)。

表 8-9　不同性信息素对梨小食心虫的迷向效果

处理	重复 1		重复 2		重复 3		平均迷向率/%
	诱蛾量/头	迷向率/%	诱蛾量/头	迷向率/%	诱蛾量/头	迷向率/%	
诱管	83	33.60	56	72.28	123	29.71	45.20 A
诱芯	13	89.60	14	93.07	4	97.71	93.46 B
迷向丝	6	95.20	5	97.52	2	98.86	97.19 B
对照 CK	125	—	202	—	175	—	—

注:诱蛾量表示各处理区 3 个诱盆 8 月 6 日到 9 月 12 日的诱蛾总量;大写字母相同表示在 0.01 水平上差异不显著。

迷向处理区的蛀果率增量明显低于对照区,迷向丝处理区蛀果率增量仅为 2.33%,诱芯处理区蛀果率增量为 3.33%,诱管处理区蛀果率增量为 8.67%,分别比对照区蛀果率增量低 10.34%、9.34% 和 4.00%,差异极显著;其中 25 根/666.7 m² 迷向丝防效最好,为 81.61%,200 枚/666.7 m² 诱芯防效为 73.72%,200 枚/666.7 m² 诱管的防效较差,为 31.57%,差异显著(表 8-10)。

表 8-10 不同性信息素迷向控制梨小食心虫效果 %

| 处理 | 蛀果率增量 | | | 平均蛀果率增量 | 平均防效 |
	重复 1	重复 2	重复 3		
诱管	9	6	11	8.67A	31.57a
诱芯	5	3	2	3.33B	73.72b
迷向丝	3	2	2	2.33B	81.61b
对照 CK	13	15	10	12.67C	—

注:不同小写字母表示 $P=0.05$ 水平上差异显著,不同大写字母表示在 0.01 水平上差异显著。

完成单位及人员:西北农林科技大学(何超,花蕾,张锐)、中国农业大学(秦玉川)、陕西省蒲城县植保站(周天仓)。

8.4.9 生态健康果园中梨小食心虫信息素迷向技术应用研究

时间地点:2011 年,巴州沙依东园艺场一分场。

产品规格:梨小食心虫信息素迷向管(北京中捷四方有限公司生产,其外观为两端密封的塑料管,长度在 15~20 cm 之间,管内装有高浓度的梨小食心虫性信息素,使用前迷向发散器 0~4℃低温保存)、梨小食心虫诱芯(由中国科学院动物研究所提供,每个诱芯含有 0.1 mg 性外激素)、三角胶黏式诱捕器和黏虫板(由北京中捷四方生物科技有限公司提供)。

使用方法:在面积为 2.67 hm² 香梨园内随机选取面积为 0.067 hm² 样地 4 块,每块样地的编号分别是 A~D,样地与样地之间隔上 5 行梨树,以免试验过程中互相干扰。在每块样地均匀地放置 3 个三角胶黏式诱捕器,将诱捕器挂在离地面 1.7 m 左右的梨树枝条上,且诱捕器通风口的方向与风向的方向要一致。样地内梨小食心虫信息素迷向管的设置:在 A 样地内,随机选取 16 棵树,在选取的梨树枝条上各缠绕 1 根迷向管;在 B 样地内,随机选取 24 棵树,在选取的梨树枝条上各缠绕 1 根迷向管;在 C 样地内,随机选取 32 棵树,在选取的梨树枝条上各缠绕 1 根迷向管;D 样地作为对照样地,梨树枝条上不缠绕迷向管。各样地内的迷向管缠绕在离地面 1.7 m 处的梨树枝条上,利用风向,形成畅通无阻的入风口。每 3~4

周换一次诱芯,10～15 d 换一次黏虫胶板,每 2 d 对诱捕器上的黏虫数量进行统计。2011 年 4 月 19 日至 8 月 26 日在样地 A～C 进行放置不同密度梨小食心虫信息素迷向管的试验,在 D 样地内进行梨小食心虫动态监测试验。

调查方法:2011 年 8 月 23 日、8 月 28 日和 9 月 2 日在每个样地以 5 点式随机取样方式选择具有代表性果树 5 棵。每棵果树分东西南北中 5 个不同方位,每个方位随机调查 20 个果实,共调查 100 个果实,记载被害果个数,计算蛀果率。

使用效果:不同设置密度迷向管对梨小食心虫的迷向作用(表 8-11)结果显示,在 666.7 m² 样地内梨树上缠绕不同密度的迷向管,与 A 样地和 B 样地相比,迷向率最高的是 C 样地,迷向率达到了 86.75%。由于 D 样地是对照区,对照区梨树上没有缠绕迷向管,所以从 2011 年 4 月 19 日至 8 月 26 日诱捕器诱捕到的梨小食心虫雄虫总数最多,为 1 827 头。在设置迷向管的试验样地内,每 2 d 平均诱捕虫数最多的是 A 样地,其迷向率最低。

表 8-11　不同设置密度迷向管对梨小食心虫的迷向效果

处理	单日最高诱捕虫数/头	诱捕虫总数/头	2 d 平均诱捕虫数/头	迷向率/%
A	26	1 430	22.15	75.56
B	18	910	14.23	82.48
C	14	585	9.08	86.75
D	32	1 827	26.53	—

不同设置密度迷向管的样地梨树果实内蛀果率如表 8-12 所示,设置迷向管样地梨树果实蛀果率明显比对照区梨树果实蛀果率要低。不同设置密度迷向管的样地里面,设置密度大的 C 样地梨树果实蛀果率明显比样地 A 和 B 的梨树果实蛀果率要低。在设置不同密度迷向管的样地里面,C 样地的相对防效最高,为 87.16%。

表 8-12　不同设置密度的迷向管样地梨树果实蛀果率对比　　　　　　　　%

处理	不同时间段的平均蛀果率			相对防效
	8 月 23 日	8 月 28 日	9 月 2 日	
A	5	7	6	46.15
B	2	3	2	82.08
C	1	2	2	87.16
D	11	13	15	—

完成单位及人员:巴州森林病虫防治检疫站(张磊)、新疆农业大学(张俊,毕司

进）、自治区林业有害生物防治检疫局（刘忠军，主海峰）、巴州沙依东园艺场（肖飞）。

8.4.10　大面积连片应用性迷向素对桃园梨小食心虫的防控效果

时间地点:2016 年,北京市平谷区桃园(约 8 667 hm²)。

产品规格:梨小食心虫性迷向素,规格为 240 mg/条,产品持效期 6 个月以上,由澳大利亚环球科技有限公司子公司深圳百乐宝生物农业科技有限公司提供。性诱芯,每个诱芯含梨小食心虫性信息素 500 μg,由中国科学院动物所提供。糖醋液,方便剂型,配方为红糖∶95％乙酸∶95％工业乙醇∶清水＝1∶1∶1∶3∶80,由北京市农林科学院植物保护环境保护研究所研制。

使用方法:(1)梨小食心虫迷向素处理桃园位于迷向素大面积连片使用中心区域　平谷区王辛庄镇东杏园村(DXY),第 1 年使用,2016 年为 4 月 15 日施用处理;平谷区峪口镇西营村(XY),连续 3 年使用,2016 年为 4 月 15 日施用处理;平谷区王辛庄镇翟各庄村(ZGZ),第 1 年使用,2016 年为 5 月 1 日施用处理。迷向处理区分别在 4 月 6 日、4 月 23 日、5 月 4 日、5 月 10 日和 6 月 8 日喷施 5 次,包含高效氯氟氰菊酯、阿维菌素等 9 种药剂,使用农药总量 417 mL。

(2)常规化防对照园　顺义区杨镇小曹庄村(XC),未使用迷向素,采取常规化学防治。分别在 5 月 4 日、5 月 24 日、6 月 17 日、7 月 8 日、7 月 29 日和 8 月 19 日喷施 6 次,包含高效氯氟氰菊酯、阿维菌素等 12 种药剂,使用农药总量 774 mL。

调查方法:(1)性诱剂　在每个调查处理区田间以对角线取样法放置性诱剂诱芯 5 个,水盆型诱捕器悬挂在树冠外围距地面 1.5 m 处,相邻诱捕器间距 20～50 m。诱捕盆内加入含 0.1％洗衣粉或 0.1％洗涤剂的清水,诱芯悬挂于距水面 1 cm 处。每天捞净盆内雄蛾,并随时保证诱盆内的水量。每天调查统计各处理诱集到的梨小食心虫雄成虫数量。调查开始时间除翟各庄村处理桃园为 2016 年 4 月 13 日外,其他试验区域均自 2016 年 4 月 1 日至 2016 年 9 月 8 日。

(2)糖醋液　糖醋液在迷向素处理区的东杏园村桃园和常规对照区的小曹庄桃园使用。均以对角线取样法放置糖醋液诱盆 5 个,悬挂在树冠外围距地面 1.5 m 处,相邻诱捕器间距 20～50 m。每 2 d 调查统计各处理的害虫种类及数量。调查时间均自 2016 年 4 月 22 日至 2016 年 9 月 8 日。

雄蛾迷向率依据性诱剂部分数据计算。蛀梢率:参考对照区性诱测报的结果,在梨小食心虫各代成虫高峰期出现后 3 d 开始,定点调查。具体为每株分东、南、西、北、中 5 个方位,每个方位至少调查 100 个新梢,分别调查统计新梢受害数,随后将发现并记载后的蛀梢剪掉。每 3 d 调查一次。计算蛀梢率。蛀果率:结合采收,在每株树的树冠四周及内膛的中上部随机检查 100 个果实,共查 500～1 000 个果实,调查记载梨小食心虫为害的虫果数,计算蛀果率。

$$迷向率 = \frac{1 - 迷向区诱蛾总量}{对照区诱蛾总量} \times 100\%$$

$$蛀梢率 = \frac{1 - 迷向区蛀梢率}{对照区蛀梢率} \times 100\%$$

$$蛀果率 = \frac{1 - 迷向区蛀果率}{对照区蛀果率} \times 100\%$$

使用效果:(1)迷向效果　各处理桃园从使用迷向素后开始调查统计雄蛾诱集数量。其中,东杏园村、西营村和对照小曹庄桃园的调查始期均为 4 月 16 日,而翟各庄村桃园为 5 月 2 日。至 9 月 8 日,常规化防对照区小曹庄桃园单盆累计诱捕雄虫的数量为 2 216 头,极显著高于翟各庄村的 21 头、东杏园村的 42 头和西营村的 7 头,迷向效果分别为 99.05%、98.10% 和 99.68%。

(2)蛀梢率　梨小食心虫在对照区造成的桃树蛀梢率在 1.2%～68.0%,蛀梢率的两个高峰分别出现在 6 月中旬和 8 月中上旬,分别为 57.4% 和 68.0%,与成虫的发生动态相吻合。3 个迷向素处理区的桃树在 7 月中旬前,无蛀梢情况的发生。随后有少量梨小食心虫引起的蛀梢出现,翟各庄村的蛀梢率在 0.20%～0.92%,东杏园村的蛀梢率在 0.24%～1.40%,西营村的蛀梢率在 0.28%～1.60%。3 个迷向素处理区的保梢效果均在 98.40% 以上(表 8-13)。

表 8-13　不同处理桃园平均蛀梢率　　　　　　　　　　　　　　%

调查日期	小曹庄村 XC（CK）	翟各庄村 ZGZ（处理 1）	东杏园村 DXY（处理 2）	西营村 XY（处理 3）
2016-5-07	21.60	0	0	0
2016-5-10	7.60	0	0	0
2016-5-13	16.40	0	0	0
2016-5-16	1.20	0	0	0
2016-6-15	57.20	0	0	0
2016-6-18	24.00	0	0	0
2016-6-21	54.00	0	0	0
2016-6-24	6.40	0	0	0
2016-7-14	18.00	0	0	0
2016-7-21	9.60	0.92	0.24	0.28
2016-7-28	11.20	0.48	0.96	1.60
2016-8-06	68.00	0.20	1.40	1.60

（3）蛀果率 调查结果显示（表 8-14），迷向处理区基本没有发现虫蛀果，仅仅在 9 月 17 日最后一次调查中发现了 0.06％的蛀果。对照区 7 月份采收桃果的蛀果率在 2％左右，8 月份开始蛀果率上升，最高达到 9.70％，说明多次喷洒化学药剂对早中熟品种的保果效果较好，但对晚熟品种的效果差，严重影响商品果率。

表 8-14 不同桃园梨小食心虫蛀果率 ％

调查日期	迷向素	迷向素＋套袋	迷向素＋赤眼蜂	常规对照
2016-7-09	0	0	0	2.14
2016-7-24	0	0	0	1.60
2016-7-30	0	0	0	1.60
2016-8-06	0	0	0	3.76
2016-8-10	0	0	0	4.51
2016-8-14	0	0	0	9.70
2016-9-17	—	0.06	—	5.40

完成单位及人员：北京市农林科学院植物保护环境保护研究所（郭晓军，肖达，王甦，李姝，张帆）。

附　录

附录1　苹果蠹蛾监测技术规范(NY/T 2414—2013)

1　范围

本标准规定了农业植物检疫中苹果蠹蛾(*Cydia pomonella* (L.))的监测区域、监测时期、监测用品、监测方法等内容。

本标准适用于苹果蠹蛾的疫情监测。

2　规范性引用文件

下列文件对于本文件的应用是必不可少的。凡是注日期的引用文件,仅注日期的版本适用于本文件。凡是不注日期的引用文件,其最新版本(包括所有的修改单)适用于本文件。

3　原理

3.1　分类地位

苹果蠹蛾属鳞翅目(Lepidoptera)卷蛾科(Tortricidae)。

3.2　监测原理

利用苹果蠹蛾性信息素对雄成虫的诱集作用,配合使用诱捕器,诱捕苹果蠹蛾成虫,并根据苹果蠹蛾发生规律及危害特征开展幼虫和其他特定虫态的调查。

4 用具及试剂

4.1 用具

解剖镜、放大镜、枝剪、聚乙烯塑料袋、标签、记录本、小刀、镊子、指形管、养虫盒、诱捕器等。

4.2 试剂

甲醛、冰醋酸、乙醇等。冰醋酸混合液由甲醛、75％乙醇、冰醋酸(5：15：1)混合而成。

5 监测

5.1 成虫监测

5.1.1 监测时期

成虫监测时期为每年的 4 月至 10 月,当日均气温连续 5 d 达到 10℃(越冬幼虫化蛹的起始温度)以上时开始安放诱捕器;当秋季日平均气温连续 5 d 在 10℃以下时,停止当年的监测。

5.1.2 监测点设置

在每个需要进行监测的县(区)内设置监测点。监测点之间的距离不得低于1 km,并尽可能保持均匀分布。监测点应选择在城镇周边、交通干线、果品集散地附近的果园或果品加工厂中。

5.1.3 标准化诱芯及诱捕器类型

5.1.3.1 标准化诱芯

苹果蠹蛾性信息素诱芯由省级以上植物保护主管部门指定或委托专业机构统一进行标准化制备,规格参数参见附录 A。

5.1.3.2 标准化诱捕器

诱捕器由省级以上植物保护主管部门指定或统一招标制作。规格参数参见附录 A。

5.1.4 诱捕器的安放

每一个监测点含有一组诱捕器,每组诱捕器由 5 个独立的诱捕器构成,诱捕器间距 30 m 以上,诱捕器安放的高度保持在 1.5 m 以上。诱捕器附近安放醒目标志以便调查并防止受到无意破坏。

5.1.5　诱捕器的日常管理与维护

在整个监测期间,工作人员每周对诱捕器的诱捕情况进行检查,调查结果填入附录 B。同时对诱捕器进行必要的维护,一旦发现诱捕器出现损坏或丢失的状况,应立即进行更换并做好相应记录。诱捕器的诱芯每月更换 1 次,黏虫胶板每 2 周更换 1 次,更换下的废旧诱芯和胶板集中进行销毁。

5.2　幼虫调查

5.2.1　调查时间

一年进行两次调查,分别在每年的 5 月下旬至 6 月上旬(第一世代的幼虫)及 8 月中旬至 8 月下旬(第二世代幼虫)进行。

5.2.2　调查点设置

调查点应选择在城镇周边、交通干线、果品集散地或果品加工厂附近的果园中,调查在成虫监测点的附近进行,以使调查结果与诱捕器监测结果进行比较与相互补充。

5.2.3　调查方法

每块样地取 10 个样点,每个样点调查 50 个果实,对发现的虫果进行剖果检查,确认是否为苹果蠹蛾幼虫。检查结果填入附录 C。如监测点所在位置为果树分散的区域,可在监测点附近随机选取 10 个样点,方法同上。

6　鉴定

当检查发现可疑昆虫时,应妥善保存有关标本,带回实验室后按 NY/T 1483—2007 中的方法进行鉴定,并将鉴定结果填入附录 D。

7　监测报告

记录监测结果并填写附录 E;植物检验机构对监测结果进行整理汇总形成监测报告。

8　标本保存

采集到的成虫制作为针插标本;卵、幼虫、蛹放入指形管中,注入冰醋酸混合液,上塞并用蜡封好,制作浸泡标本。填写标本的标签,连同标本一起妥善保存。

9 档案保存

详细记录、汇总监测区内调查结果。各项监测的原始记录连同其他材料妥善保存于植物检疫机构。

附 录 A

(资料性附录)

标准化诱芯与诱捕器规格参数

A.1 诱剂

诱芯性信息素纯度为 97%,载体由硅橡胶制成,形状中空,每个诱芯性信息素的含量 1 mg,采用微量注射器滴定法制备。成品诱芯应统一放置在密封的塑料袋内,保存于 1~5℃的冰箱中,保存时间不超过 1 年。

A.2 诱捕器

诱捕器可采用三角形黏胶诱捕器,长 25 cm,宽 16 cm,高 14 cm,见图 A.1。

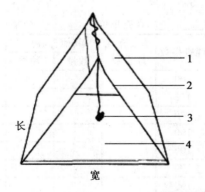

说明:
1—钙塑瓦楞板;2—细铁丝;
3—性信息素诱芯;4—黏虫胶

图 A.1 三角形黏胶诱捕器示意图

附 录 B
（规范性附录）
苹果蠹蛾疫情监测调查表

苹果蠹蛾疫情监测调查见表 B.1。

表 B.1　苹果蠹蛾疫情监测调查表

_____年_____月；_____号监测点；检查人：_____；单位公章：

基本信息			捕获数量/检查日期						备注
监测点地点	寄主植物	诱捕器编号	日	日	日	日	日	日	
_____省 _____市 _____县 _____乡镇 _____村		1							
		2							
		3							
		4							
		5							
		合计							

附 录 C
（规范性附录）
苹果蠹蛾蛀果情况调查表

苹果蠹蛾蛀果情况调查见表 C.1。

表 C.1　苹果蠹蛾蛀果情况调查表

调查地点：_____省_____县（市、区）

时间：_____年_____月；调查人：_____；调查单位：_____（公章）

样点编号	监测点位置	寄主种类 （品种）	调查果数	苹果蠹蛾 蛀果数	其他食心虫		标本编号
					数量	种类	
1	____乡（镇）____村		100				
2	____乡（镇）____村		100				
3	____乡（镇）____村		100				
4	____乡（镇）____村		100				
5	____乡（镇）____村		100				
6	____乡（镇）____村		100				
7	____乡（镇）____村		100				
8	____乡（镇）____村		100				
9	____乡（镇）____村		100				
10	____乡（镇）____村		100				
合计	—	—	1 000		—		—

如有标本,标本编号即与采得幼虫标本标签上的编号相对应,以备日后查询。

附 录 D
（规范性附录）
植物有害生物样本鉴定报告

植物有害生物样本鉴定报告见表 D.1。

表 D.1　植物有害生物样本鉴定报告

植物名称				品种名称	
植物生育期		样品数量		取样部位	
样品来源		送检日期		送检人	
送检单位				联系电话	

检测鉴定方法：

检测鉴定结果：

备注：

鉴定人（签名）：

审核人（签名）：

鉴定单位盖章：
　　年　　月　　日

附 录 E
(规范性附录)
疫情监测记录表

疫情监测记录见表E.1。

表 E.1 疫情监测记录表

监测对象		监测单位	
监测地点	样品数量	联系电话	
监测到有害生物(或疑似有害生物)的名称		数 量	备 注

监测方法:

疫情描述:

备注:

监测单位盖章:

监测人(签名):

年　　月　　日

附录2 苹果蠹蛾检疫鉴定方法(GB/T 28074—2011)

1 范围

本标准明确了苹果蠹蛾(*Cydia pomonella*(L.))的取样、饲养、成虫生殖器解剖和鉴定等方法。

本标准适用于进出境植物检疫、国内植物检疫和大田防治工作中的苹果蠹蛾的取样、饲养和鉴定。

2 苹果蠹蛾基本信息

学名 *Cydia pomonella*(L.)。

异名 *Laspeyresia pomonella* L.。

俗名 codling moth。

属鳞翅目(Lepidoptera)卷蛾科(Tortricidae)新小卷蛾亚科(Olethreutinae)小食心虫族(Grapholitini)小卷蛾属(*Cydia*)。

幼虫随果实传带是主要传播途径,老熟幼虫或蛹也可能随包装材料传带。

相关种类有苹果异形小卷蛾(*Cryptophlebia leucotreta*(meyrick))、樱小卷蛾(*Cydia packardi*(Zeller))、苹果小食心虫(*Cydia inopinata*(Heinrich))、李小食心虫(*Cydia funebrana*(Treitschke))和梨小食心虫(*Cydia molesta*(Busck))等。

苹果蠹蛾的其他信息参见附录 A。

3 方法原理

根据苹果蠹蛾的危害状,在检疫现场或发生苹果蠹蛾的果园肉眼观察寄主果实,取得幼虫或蛹虫样,饲养蛹获得成虫,解剖制作外生殖器标本,用显微镜观察,根据形态特征对种类进行判定。如果有可鉴定的老熟幼虫,可根据老熟幼虫鉴定;如果仅发现蛹,则将蛹饲养出成虫再做鉴定;如果成虫前翅鳞片不够完整不能准确判断,则进行外生殖器解剖再做鉴定。

4 器材与试剂

70％酒精、体视显微镜、手持放大镜、昆虫针、解剖刀、解剖针、载玻片、盖玻片、塑料盒(管)、细沙、小毛笔、玻璃纸、展翅板、10％氢氧化钠、酒精、二甲苯、加拿大胶、乙醚、氰化钾毒瓶、控温控湿培养箱。

5 检测与饲养

5.1 果实表面检查

肉眼观察或用手持放大镜观察寄主果实表皮有无细小突起伤疤、虫孔、虫粪或流胶。

5.2 剖果检查

将疑似被害果实,用解剖刀将果实剖开,检查果实内是否有幼虫(见附录 B)。如果发现疑似幼虫,用 70％酒精浸泡,带回实验室。

5.3 包装材料检查

在检疫现场,检查包装材料上有无老熟幼虫或蛹。如发现疑似幼虫,用 70％酒精浸泡,如发现蛹,可用指形管盛装,带回实验室。

5.4 蛹的培养

将蛹置于有透气孔的塑料盒(管)内的湿细沙表层中,将塑料盒(管)置于养虫箱内,以 25～30℃、相对湿度为 65％的条件饲养至成虫羽化。在容器内投入滴有乙醚的棉球将蛾晕倒,将蛾取出置于氰化钾毒瓶内,使之真正死亡。然后针插,使用小毛笔和玻璃纸展翅制成针插标本,供鉴定。

6 标本的制作准备

6.1 成虫针插标本

针插成虫标本,供鉴定。

6.2 成虫外生殖器玻片标本

将成虫腹部取下,浸泡在 10% 氢氧化钠水溶液中,煮沸 5 min,取出解剖,去掉与外生殖器无关的体壁、肌肉、内脏等,再放到 75%、85%、95% 和 100% 酒精中各 10 min,最后置于二甲苯中透明,整形,再放到载片上,滴加拿大胶,加贴标签。

7 实验室鉴定

用体视显微镜观察幼虫标本,用手持放大镜或体视显微镜观察成虫标本,或用显微镜观察成虫外生殖器玻片标本,判断是否符合以下形态特征(见附录 B、附录 C 和附录 D)。

7.1 成虫

7.1.1 概貌

体长 8 mm,翅展 19~20 mm,体灰褐色而带紫色光泽。雄蛾色深、雌蛾色浅。

7.1.2 头部

复眼深棕褐色。头部具有发达的灰白色鳞片丛;下唇须向上弯曲,第 2 节最长,末节着生于第 2 节末端的下方。

7.1.3 翅

前翅翅基部淡褐色;外缘突出略呈三角形,在此区内杂有较深的斜行波状纹;翅的中部颜色最浅,也杂有波状纹。臀角处的肛上纹呈深褐色,椭圆形,有 3 条青铜色条斑,其间显出 4~5 条褐色横纹,这是本种外形上的显著特征。雄蛾前翅腹面中室后缘有一黑褐色条斑,雌蛾无。后翅深褐色,基部较淡。

7.1.4 外生殖器

7.1.4.1 雄

抱器瓣在中间有明显颈部;抱器腹在中部有明显凹陷,其外侧有一指状尖突;抱器端圆形,具有许多长毛;阳茎短粗,基部稍弯;阳茎针 6~8 枚,分两行排列。

7.1.4.2 雌

产卵瓣内侧平直,外侧弧形;交配孔宽扁;后阴片圆大;囊导管短粗,在近口处强烈几丁质化,扩大呈半圆;囊突两枚,牛角状。

7.2 卵

椭圆形,扁平,中央略隆起;初产时半透明,后期卵上可见一圈红色斑纹,卵壳上有很细的皱纹。

7.3 幼虫

老熟幼虫体长 14～18 mm。幼龄幼虫淡黄白色,渐长成淡红色。头部黄褐色,两侧有较规则的褐色斑纹。前胸气门前毛片上有 3 根毛(L 毛)。胸足跗爪背侧刚毛短于跗爪。腹部第 8 节与 9 节每侧 SV 毛数量通常为 2∶1,第 9 节 L 毛 3根,第 3 根通常着生在单独的毛片上。腹足趾钩单序(几乎同一长度)环状,外侧通常有缺口。肛上板较前胸背板浅,上面有淡褐色斑点,无臀栉(肛上板腹面梳齿状骨化刺)。

苹果蠹蛾及其重要近缘种幼虫的鉴别见附录 D。

7.4 蛹

长 7～10 mm,黄褐色。通常雌大于雄。雌腹 3 节可活动,而雄 4 节可动。第 2～7 腹节背面各有两排整齐的刺,前排粗大,后排细小,第 8～10 腹节背面则各有 1 排刺。腹末有臀栉。

8 结果判定

以老熟幼虫或成虫形态特征为依据,符合上述 7.1.3 或 7.1.4.1 或 7.1.4.2 或 7.3 者可判定为苹果蠹蛾。

9 样本保存

鉴定后的标本要永久保存,并加注明时间、地点、寄主、采集人等信息的标签。幼虫可保存在 70％的酒精中。

附录 A

(资料性附录)

苹果蠹蛾其他信息

A.1 主要寄主

苹果、榲桲、杏、李、桃、梨等。

A.2 生物学特性

雌蛾多产卵在果树上层的果实和叶片上。幼虫孵出后,从果萼、果胴、果蒂等部位蛀入果内,取食果肉和种子。幼虫共 5 龄。幼虫老熟后,往往近直线钻出脱果,在树干皮下、裂缝处或地上隐蔽物内或土中结茧化蛹。以末代老熟幼虫在树干皮下、裂缝处等处越冬,翌年春季化蛹、羽化。被害寄主果实可见细小突起伤疤或虫孔,有时虫孔处还可见虫粪或流胶。

A.3 地理分布

目前已广泛分布于全球各大洲寒温带地区,仅我国北方大部分省区还没有发现,具体分布地区:

欧洲:阿尔巴尼亚、奥地利、白俄罗斯、比利时、爱尔兰、意大利(包括撒丁岛、西西里岛)、拉脱维亚、立陶宛、马耳他、摩尔多瓦、荷兰、挪威、波兰、葡萄牙(包括亚逊尔群岛、马德拉群岛)、罗马尼亚、俄罗斯联邦(俄罗斯欧洲部分、俄罗斯远东、西伯利亚)、塞黑、斯洛伐克、西班牙(包括加那利群岛)、瑞典、瑞士、乌克兰、英国(英格兰和威尔士、北爱尔兰、苏格兰)。

亚洲:阿富汗、亚美尼亚、阿塞拜疆、格鲁吉亚共和国、印度(喜马偕尔邦、克什米尔、北方邦)、伊朗、伊拉克、以色列、约旦、哈萨克斯坦、吉尔吉斯斯坦、黎巴嫩、巴基斯坦、叙利亚、塔吉克斯坦、土耳其、土库曼斯坦、乌兹别克斯坦等地。中国新疆、甘肃等局部地区也已有发生。

非洲:阿尔及利亚、埃及、利比亚、毛里求斯、摩洛哥、南非、突尼斯。

北美洲:美国(加利福尼亚、伊利诺斯、印第安纳、爱荷华、马萨诸塞、密歇根、密苏里、纽约、北卡罗来纳、俄亥俄、俄勒冈、宾夕法尼亚、犹他、弗吉尼亚、华盛顿、西维吉尼亚、威斯康涅)、加拿大(大不列颠哥伦比亚、新不伦瑞克、新斯科舍、安大略、爱德华王子岛、魁北克)、墨西哥。

南美洲:阿根廷、玻利维亚、巴西(巴拉那、南里奥格兰德、圣卡塔林娜)、智利、哥伦比亚、秘鲁、乌拉圭。

大洋洲:澳大利亚(新南威尔士、昆士兰、南澳、塔斯马尼亚、维多利亚、西澳)、新西兰。

附录 B

（规范性附录）

苹果蠹蛾图

图 B.1 苹果蠹蛾成虫

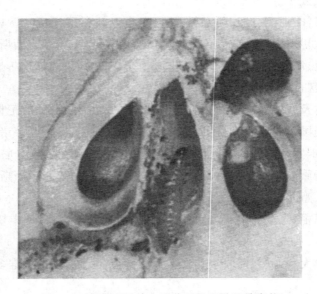

图 B.2 苹果蠹蛾幼虫及苹果果实种子被害状

附录 C
（规范性附录）
重要形态特征示意图

C. 1 卷蛾科及苹果蠹蛾成虫重要形态特征

卷蛾科及苹果蠹蛾成虫重要形态特征示意图见图 C.1。

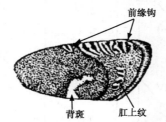

a) 小食心虫族前翅斑纹示意图（引自刘友樵）

b) 新小卷蛾亚科雄抱器瓣（引自刘友樵）

c) 苹果蠹蛾雄外生殖器的阳茎（上）
和抱器（仿苏联）

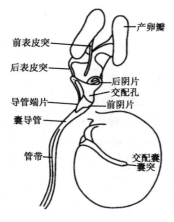

d) 雌外生殖示意图（引自刘友樵）

e) 苹果蠹蛾雌外生殖器（仿苏联）

图 C.1 卷蛾科及苹果蠹蛾成虫重要形态特征示意图

C.2 苹果蠹蛾幼虫毛序

苹果蠹蛾幼虫部分胸腹节毛序见图 C.2。

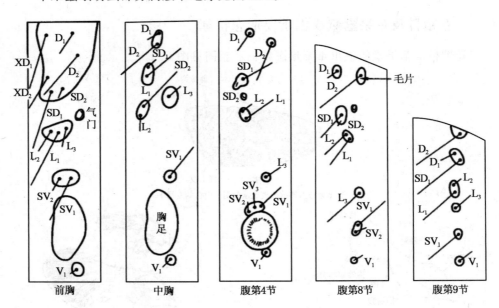

XD—前背毛；D—背毛；SD—亚背毛；L—侧毛；SV—亚腹毛；V—腹毛。

图 C.2 苹果蠹蛾幼虫部分胸腹节毛序（引自田中健治）

附录 D
（规范性附录）
苹果蠹蛾及重要近缘种幼虫鉴别检索表

1 无臀栉；刚毛基部有毛片；头部黄褐色，两侧有较规则的褐色斑纹；胸足跗爪背侧刚毛短于跗爪；腹部第 8 节与 9 节每侧 SV 毛数量通常为 2∶1；第 9 节 L 毛 3 根，第 3 根通常着生在单独的毛片上；腹足趾钩单序环状，外侧有缺口；肛上板较前胸背板浅，上面有淡褐色斑点 ········ 苹果蠹蛾 *Cydia pomonella*（L.）
有臀栉；腹第 9 节每侧 1 根 D1 毛和 1 根 SD1 毛在同一毛片上，SV 毛通常每侧 1 根；肛上板外侧成对刚毛明显长于内侧成对刚毛 ······························ 2

2 腹足趾钩为单序或双序；前胸气门前毛片不向后延伸到气门下·············· 3
腹足趾钩为三序；前胸气门前毛片向后延伸到气门下；头顶中央锐角状下凹···
·························· 苹果异形小卷蛾 *Cryptophlebia leucotreta*

附录 3 苹果蠹蛾防控技术规程(GB/T 33038—2016)

1 范围

本标准规定了农业植物检疫中苹果蠹蛾(*Cydia pomonella*(L.))的防控要求、防治时期、防治措施、防治效果评估、防治档案的记录及保存等。

本标准适用于苹果蠹蛾的防控。

2 规范性引用文件

下列文件对于本文件的应用是必不可少的。凡是注日期的引用文件,仅注日期的版本适用于本文件。凡是不注日期的引用文件,其最新版本(包括所有的修改单)适用于本文件。

GB 4285 农药安全使用标准

GB/T 8231(所有部分) 农药合理使用准则

GB 15569—2009 农业植物调运检疫规程

NY/T 2414—2013 苹果蠹蛾监测技术规范

3 防控要求

在苹果蠹蛾重度发生区,坚持化学防治为主、其他防治为辅的防治措施,尽可能降低虫口的密度;在中度发生地区,以检疫控制为主,以化学防治和农业防治为辅的防治措施;在轻度发生的地区或缓冲区内,以农业防治为基础,配合生物防治、物理防治等多种防治方法;在新发疫情区或零星发生点,应以化学防治为主,结合休园、砍伐等铲除扑灭措施,防止苹果蠹蛾定殖扩散。

4 新发疫情防控

4.1 适用范围

适用于与现有已知苹果蠹蛾发生区距离较远、相对孤立地区的突发疫情的应急防治。

4.2 防治范围

对于上述疫情突发地区,应对疫情发现地点半径 10 km 内所有苹果蠹蛾寄主植物进行防治(苹果蠹蛾寄主植物范围见 NY/T 2414—2013)。

4.3 化学防治

4.3.1 防治时期

检测发现苹果蠹蛾疫情后,即采取防治措施。

4.3.2 防治药剂

应根据苹果蠹蛾发生规律和不同农药的持效期,选择合适的农药种类,要选择不同类型、不同作用机理的农药搭配使用。农药的使用执行 GB 4285 和 GB/T 8321(所有部分)中有关的农药使用准则和规定,禁止使用未经国家有关部门批准登记和许可生产的农药。可参照苹果食心虫类的防治药剂。

4.3.3 防治方式

对整株树进行(包括树干)喷雾,注意避开花期。

4.4 检疫措施

按照 GB 15569—2009,加强对苹果蠹蛾寄主植物产品的调运检疫,禁止未经检疫的苹果蠹蛾寄主植物产品调入或调出;加强对水果集散地果品的检疫检查;对运输水果过境或到境的车辆进行检疫,对携带疫情的果品进行检疫处理。

4.5　休园

在春季加大果树疏花、疏果力度,或实行高接换种,降低或停止该年的果品生产。

4.6　砍伐

管理粗放、效益低下的果园可采取砍伐措施。

5　发生区防治

5.1　适用范围

适用于苹果蠹蛾已定殖区域内的防治。

5.2　化学防治

5.2.1　防治适期

记录诱捕器检测结果,将观察到第一次苹果蠹蛾成虫羽化高峰的日期记为第一个起始点,从该点开始10～15 d后进行第一轮化学防治;观察到第二次苹果蠹蛾成虫羽化高峰的日期记为第二个起始点,从该点开始10～15 d后进行第二轮化学防治。

5.2.2　防治药剂

同4.3.2。

5.2.3　防治方式

化学防治每年进行两轮,每轮喷施2～3次农药,喷药间隔期为7～10 d,用药注意避开花期,第一轮应选择触杀类农药,第二轮应选择触杀兼内吸性药剂,喷雾时要对整株树进行(包括树干)。

5.3　检疫措施

按照GB 15569—2009,加强检疫检查,禁止废弃果及未经检疫的其他苹果蠹蛾寄主植物产品调出;将果园和水果集散地上所有的废弃果实集中深埋处理;对运输水果过境的车辆进行检疫,对携带疫情的果品进行检疫处理。

5.4 迷向防治

在春季越冬代成虫刚刚开始羽化之时,即监测诱捕器第一次捕获苹果蠹蛾成虫之时,悬挂在果树树冠上部 1/3 处距离地面高度不低于 1.7 m 通风较好的枝条上,每公顷果园全年信息素释放量不低于 45 g,具体使用时可根据发散器所含信息素含量计算悬挂个数。

5.5 灯光诱杀

结合当地气候情况,在成虫发生期用杀虫灯捕杀成虫。杀虫灯的设置密度为 1.67～2 hm² 设置 1 盏,呈棋盘式或闭环式分布。杀虫灯的安放高度应高出果树的树冠并定期进行清理。

5.6 赤眼蜂防治

在苹果蠹蛾各代成虫产卵高峰前后各释放赤眼蜂 1 次,间隔 3～5 d;在果园内赤眼蜂蜂卡间隔距离 5～8 m。

5.7 农业防治

5.7.1 清理越冬场所

随时清除虫果及地面落果;利用冬季果树休眠期及早春发芽之前的实践,刮除果树主干分叉以下的粗皮、翘皮,消灭其中的越冬幼虫;清除果园中果实废弃箱、废木堆、废弃化肥袋、杂草灌木丛等一切可能为苹果蠹蛾提供越冬场所的设施。

5.7.2 诱集越冬幼虫

每年 5 月中旬与 8 月上旬开始,用宽 15～20 cm 的瓦楞纸、粗麻布、焦油纸、皱纹纸或草束等绑缚果树所有主干部分及主要分枝,以此诱集苹果蠹蛾越冬代和第一代的老熟幼虫。在 6 月中下旬及 10 月果实采收之后取下绑缚材料,检查其中老熟幼虫的诱集情况并集中进行销毁。

5.7.3 果实套袋和高接换优

花后 20 d 开始套袋,袋口要绑紧,避免雨水、药液和病虫进入袋中。对品质低劣果园,实行春季一次性高接换优,连续 2～3 年不结果,阻断苹果蠹蛾生长链。

6 防治效果的评估

在防治过程中应及时对防治效果进行监测,监测可采用诱捕器监测的数据,通过对成虫的捕获数量估计苹果蠹蛾的危害程度,进而评估上一时期的防治效果。

7 防治档案的记录及保存

在防治过程中需注意苹果蠹蛾防治历的建立和保存,需要记录的主要信息包括苹果蠹蛾发生时间、发生面积、危害程度、防治措施、防治时期、防治次数以及防治效果评估结果等。

附录4 梨小食心虫测报技术规范
(NY/T 2039—2011)

1 范围

本标准规定了梨小食心虫(形态特征和危害症状参见附录 A、附录 B)田间越冬基数调查、成虫消长调查、桃园折梢率调查、梨园卵量消长调查、虫果率调查、测报方法、发生程度划分、数据传输、调查资料表册等方面内容。

本标准适用于梨园、桃园梨小食心虫田间调查和预报,其他果园发生的梨小食心虫调查和预报参照执行。

2 田间调查

2.1 越冬基数

梨小食心虫越冬前,一般在 8 月下旬至 9 月上旬开始,选当地树龄处于盛果期、有代表性的主栽品种果园,梨、桃混栽区各 3 个园,单一种植区 5 个园进行调查。每个果园面积不小于 $5 \times 666.7 \ m^2$,随机取 5 点,每点 1 棵树,每棵树在距地面 $0.2 \sim 0.3 \ m$ 的主干上绑果树专用诱虫带(瓦楞纸制,宽 20 cm,棱波幅 4.5 mm$\times$8.5 mm)。12 月下旬调查诱虫带下的梨小食心虫越冬数量,结果记入附录 C 表 C.1。

2.2 成虫消长

2.2.1 调查时间

果树生长期,一般在 3—10 月。

2.2.2　调查方法

性诱剂诱测法。

2.2.2.1　性诱剂组分及含量

人工合成的梨小食心虫性诱剂,有效成分为顺 8-十二烯-1-醇醋酸酯及反 8-十二烯-1-醇醋酸酯;比例 95∶5;剂量 200 μg/诱芯。

2.2.2.2　诱捕器构造

性诱剂诱捕器选择水盆型诱捕器。

水盆型诱捕器由诱芯、诱捕盆和吊绳三部分组成。诱捕盆采用直径 20~25 cm 的再生塑料盆;吊绳使用 18 号铁丝,将三根铁丝的一端扎在一起,诱捕盆边沿距水面 2~2.5 cm 处等距离钻 3 个小孔,分别将铁丝另一端等距离固定在诱捕盆上。盆口处距上沿约 1 cm 处按直径方向钻两个小孔,用铁丝悬挂一个性诱剂诱芯,诱芯位于铁丝中部,诱芯口向下(浸泡型),诱捕盆内放入含量为 0.1% 的洗衣粉水,液面高度距离诱芯 1 cm。

2.2.2.3　诱捕器的设置

选有代表性、面积不小于 5×666.7 m² 的桃园或梨园 3 块,每园均匀悬挂诱捕器 3 个(诱捕器之间距离不小于 40 m),诱捕器悬挂在树冠外围距地面 1.5 m 树荫处。

2.2.2.4　诱捕器管理和数据记录

每天定时检查诱捕器中的成虫数量,结果记入表 C.2。检查完毕后剔除成虫,并补充水分,雨后须加少量洗衣粉。诱芯每 30 d 更换一次。

2.3　桃园折梢率

2.3.1　调查时间

调查 2 次,第一代、第二代成虫高峰后 25 d 各调查一次。

2.3.2　调查方法

选择有代表性、面积不小于 5×666.7 m² 以上的桃园 10 个,每个果园内随机抽取 5 棵树,每棵树沿东、南、西、北 4 个不同方位,每个方位调查 25 个当年新抽枝条,记载被害新梢数即折梢数,按式(1)计算折梢率,结果记入附录 C 表 C.3。

$$C=(M/N)\times100\% \tag{1}$$

式中:C—折梢率,单位为百分率(%);

　　　M—调查新梢中梨小食心虫的折梢数(个);

　　　N—调查总新梢数(个)。

2.4　梨园卵量消长

2.4.1　调查时间

梨园主害代(第3～5代)发生期。

2.4.2　调查方法

选择面积不小于 5×666.7 m² 以上盛果期果园 3 个,每个果园内采用随机取样,选择 5 棵果树,在每棵树的东、南、西、北四个方位,各随机调查 25 个果实,每棵树调查 100 个果实,每 3 天调查一次,记载梨小食心虫卵果数和卵粒数。每次调查后将发现的卵粒抹掉,并按式(2)、式(3)分别计算卵果率和百果卵量,结果记入附录 C 表 C.4。

$$A = (E/N) \times 100\% \qquad (2)$$

式中:A—卵果率,单位为百分率(%);

　　　E—调查果实中的卵果数(个);

　　　N—调查总果实数(个)。

$$B = (L/N) \times 100\% \qquad (3)$$

式中:B—百卵果量,单位为粒/百果;

　　　L—卵粒数(粒);

　　　N—调查总果数(果)。

2.5　虫果率

2.5.1　调查时间

各地根据当地主栽果树品种的成熟期,采收前一周调查 1 次。

2.5.2　调查方法

选择有代表性、面积不小于 5×666.7 m² 的梨园、桃园各 5 个,每个园内采用随机取样,选择 5 棵果树,在每棵树的东、南、西、北 4 个方位,各随机调查 25 个果实,每棵树调查 100 个果实,检查果实被害情况(症状识别参见附录 B),记载虫果数,按式(4)计算虫果率,结果记入附录 C 表 C.5。

$$D=(F/N)\times 100\% \tag{4}$$

式中:D—虫果率,单位为百分率(%);

　　　F—调查果实中梨小食心虫的虫果数(果);

　　　N—调查总果实数(果)。

3 预测预报

3.1 发生程度分级指标

梨小食心虫的发生量或发生危害程度可用桃折梢率、梨卵果率、虫果率等表示,其中以虫果率为主要指标,其他为辅助指标,可划分为 5 级,见表 1。

表 1 梨小食心虫发生程度分级指标

为害寄主	指标	代别	发生程度/级				
			1	2	3	4	5
桃	折梢率/%	1	<1	1～2	2～3	3～4	>4
		2	<2	2～4	4～6	6～8	>8
梨	累计卵果率/%	3、4、5	<3	2～4	4～6	6～8	>8
桃、梨	虫果率/%	—	<1	1～3	3～5	5～8	>8

3.2 发生期预测

当诱集到的成虫数量连续增加,且累计诱蛾量超过历年平均诱蛾量的 16%时,即可确定进入成虫羽化初盛期,累计诱蛾量超过历年平均诱蛾量的 50%时,确定成虫羽化高峰期。越冬代成虫羽化高峰期后推 5～6 d,即为产卵高峰期,产卵高峰期后推 4～5 d 即为卵孵化高峰期;其他世代成虫羽化高峰期后推 4～5 d,即为产卵高峰期,产卵高峰期后推 3～4 d 即为卵孵化高峰期。

3.3 发生程度预测

3.3.1 长期预测

依据越冬基数、田间成虫消长、果树种植情况及历史资料,结合长期气象预报做出预测。

3.3.2 中期预测

依据田间成虫消长、桃园折梢率及历史资料,结合中期气象预报做出预测。

3.3.3 短期预测

依据田间成虫消长、梨园卵果率及历史资料,结合短期气象预报做出预测。

4 数据汇总和传输

4.1 主要传输工具

采用互联网和传真机等。

4.2 模式报表

按统一汇报格式、时间和内容汇总上报。其中,同历年比较的增、多、高用"＋"表示,减、少、低用"－"表示;与历年相同和相近,用"0"表示;缺测项目用"××"表示(见附录 D)。

5 调查资料表册

全国制定统一的"调查资料表册"的样表一份(见附录 C),供各地应用时复制。用来规范各区域测报调查行为,保证为全国数据库积累统一、完整的测报调查资料。其中的内容不能随意更改,各项调查内容须在调查结束时,认真统计和填写。

附录 A

(资料性附录)

梨小食心虫形态特征

成虫:体长 6～7 mm,翅展 13～14 mm,暗褐至灰黑色,下唇须灰褐色向上翘,触角丝状,前翅灰黑色,前翅前缘有白色斜短纹 8～10 条,翅面散生灰白色鳞片而成许多小白点,近外缘有 10 个小黑点,中室端部有 1 明显的小白点,后缘有些条纹。后翅茶褐色,各跗节末端灰白色。腹部灰褐色。

幼虫:体长 10～13 mm,淡红至桃红色,头褐色,前胸盾片黄褐色,前胸侧毛组 3 毛,臀栉 4～7 齿,腹足趾钩单序环 25～40 个,臀足趾钩 15～30 个。小幼虫体白色,头和前胸盾片黑色。

卵:扁椭圆形。周缘扁平,中央鼓起,呈草帽状,长径 0.8 mm,初产时近白色半透明,近孵化时变淡黄;幼虫胚胎成形后,头部褐色,卵中央具一小黑点,边缘近褐色。

蛹:体长 6～7 mm,纺锤形,黄褐色,复眼黑色。第 3 腹节至第 7 腹节背面有 2 行刺突;第 8 腹节至第 10 腹节各有一行较大的刺突,腹部末端有 8 根钩刺。

附录 B
(资料性附录)
梨小食心虫危害症状识别

幼虫蛀果多从果实顶部或萼凹蛀入,蛀入孔比果点还小,呈圆形小黑点,稍凹陷。幼虫蛀入后直达心室,蛀食心室部分或种子,切开后多有汁液和粪便。被危害的果实有几种典型的症状:蛀入孔周围果肉变黑腐烂,称为"黑膏药";脱果孔较大,直径约 3 mm,似香头大的孔,俗称"米眼";有的蛀入孔和脱果孔呈水浸状腐烂,又称"水眼"。桃、杏、李果蛀入孔较大,多在果核附近蛀食并有很多虫粪。

幼虫为害桃梢时多从顶尖部位第 2～3 个叶柄基部幼嫩处蛀入,向下蛀食木质部和半木质部,留下表皮,被蛀食的嫩尖萎蔫下垂,很易识别。这一特点也是判断果园有无"梨小"发生的主要依据之一。幼虫有转梢为害的习性,每头幼虫一生可为害 3～4 个桃梢,有时幼虫也为害樱桃、李、梨和苹果的新梢。

附录 C
（规范性附录）
梨小食心虫调查资料表册

农作物病虫调查资料表册

梨小食心虫

（　　　　年）

站名_____ 盖章

站址_____

（北纬：_____ 东经：_____ 海拔：_____）

测报员_____

负责人_____

全国农业技术推广服务中心编制

表 C.1　梨小食心虫越冬虫量调查记载表

调查地点：_____　调查日期：_____　果树种类：_____　品种：_____　树龄：_____

果园编号	诱虫量/(头/诱虫带)						备注
	样点 1	样点 2	样点 3	样点 4	样点 5	平均	

表 C.2　梨小食心虫成虫性诱剂诱集记载表

调查地点：_____　果树种类：_____　品种：_____　树龄：_____

调查日期 月/日	品种	诱蛾数量/(头/盆)					气象情况	备注
		1	2	3	合计	平均		

注：备注内填喷药日期，药剂品种及导致诱捕效果不稳定的原因。

表 C.3　桃园折梢率调查表

调查地点：_____　果树种类：_____　品种：_____　树龄：_____

调查日期 月/日	样点	方位	调查新梢数/个	被蛀新梢数/个	折梢率/%	备注
	1	东				
		西				
		南				
		北				
		合计				
	2	……	……	……	……	……

表 C.4 梨小食心虫卵量调查记载表

单位:_____ 地点:_____ 年度:_____ 调查人:_____

调查日期 月/日	样点	方位	调查果数/个	卵果数/个	卵果率/%	百果卵量	备注
	1	东					
		西					
		南					
		北					
		小计					
	2	……	……	……	……	……	……

表 C.5 梨小食心虫卵量调查记载表

调查地点:_____ 调查日期:_____ 果园面积:_____ 品种:_____ 树龄:_____

样点	方位	调查果数/个	虫果数/个	虫果率/%	备注
1	东				
	西				
	南				
	北				
	小计				
2	……				

表 C.6 梨小食心虫发生防治基本情况记载表

耕地面积_____hm²
其中:梨树种植面积_____hm²
梨树主栽品种_____ 种植面积_____hm²
_____种植面积_____hm²
_____种植面积_____hm²
_____种植面积_____hm²
_____种植面积_____hm²
桃树种植面积_____hm²
桃树主栽品种_____ 种植面积_____hm²
_____种植面积_____hm²
_____种植面积_____hm²
_____种植面积_____hm²
_____种植面积_____hm²
发生面积_____hm²
其中:_____代_____hm²,发生程度_____级
_____代_____hm²,发生程度_____级
_____代_____hm²,发生程度_____级
_____代_____hm²,发生程度_____级
防治面积_____hm²,占发生面积_____%
其中:_____代_____hm², _____代_____hm²;
_____代_____hm², _____代_____hm²。
挽回损失_____t;实际损失_____t。
简述发生概况和特点:

附录 D

（规范性附录）

梨小食心虫模式报表

表 D.1　越冬代梨小食心虫预测模式报表（M1SXA）

要求汇报时间：4月上旬以前报一次

序号	编报项目	编报程序
1	报表代码	M1SXA
2	调查日期（月/日）	
3	当地梨园（或桃园）面积/hm²	
4	上年虫果率/%	
5	上年虫果率比历年增减比率/%	
6	上年果园平均产量/(kg/666.7 m²)	
7	平均越冬幼虫基数/(头/诱虫带)	
8	预计一代发生程度/级	
9	预计发生面积/hm²	
10	预计防治适期（月/日）	
11	编报单位	

表 D.2　第一代梨小食心虫预测模式报表（M2SXA）

要求汇报时间：5月中旬报一次

序号	编报项目	编报程序
1	报表代码	M2SXA
2	成虫诱集调查日期（月/日－月/日）	
3	5月15日前平均每只诱芯诱蛾数/头	
4	单芯诱蛾数比历年平均增减比率/%	
5	桃折梢率调查日期（月/日）	
6	桃折梢率/%	
7	桃折梢率比历年平均增减比率/%	
8	预计二代发生程度/级	
9	预计发生面积/hm²	
10	预计防治适期（月/日）	
11	编报单位	

表 D.3　第二代梨小食心虫预测模式报表(M3SXA)

要求汇报时间:6月中旬报一次

序号	编报项目	编报程序
1	报表代码	M3SXA
2	成虫消长调查日期(月/日-月/日)	
3	6月15日前平均每只诱芯诱蛾数/头	
4	单芯诱蛾数比历年平均增减比率/%	
5	桃折梢率调查日期(月/日)	
6	折梢率/%	
7	折梢率比历年平均增减比率/%	
8	梨卵果率调查日期(月/日-月/日)	
9	梨卵果率/%	
10	梨卵果率比历年平均增减比率/%	
11	预计三代发生程度/级	
12	预计发生面积/hm²	
13	预计防治适期(月/日)	
14	编报单位	

表 D.4　第三代梨小食心虫预测模式报表(M4SXA)

要求汇报时间:7月中旬报一次

序号	编报项目	编报程序
1	报表代码	M4SXA
2	成虫消长调查日期(月/日-月/日)	
3	7月15日前平均每只诱芯诱蛾数/头	
4	单芯诱蛾数比历年平均增减比率/%	
5	梨卵果率调查日期(月/日-月/日)	
6	卵果率/%	
7	卵果率比历年平均增减比率/%	
8	梨虫果率调查日期(月/日)	
9	虫果率/%	
10	虫果率比历年平均增减比率/%	
11	预计四代发生程度/级	
12	预计发生面积/hm²	
13	预计防治适期(月/日)	
14	编报单位	

附录5 梨小食心虫监测性诱芯应用技术规范
（NY/T 2733—2015）

1 范围

本标准规定了梨小食心虫监测专用性诱芯的制作方法及其田间应用技术。
本标准适用于果树梨小食心虫成虫种群动态的监测与防治适期的预报。

2 规范性引用文件

下列文件对于本文件的应用是必不可少的。凡是注日期的引用文件，仅注日期的版本适用于本文件。凡是不注日期的引用文件，其最新版本（包括所有的修改单）适用于本文件。

NY/T 2039 梨小食心虫测报技术规范

3 术语和定义

下列术语和定义适用于本文件。

3.1 梨小食心虫（oriental fruit moth）

梨小食心虫（*Graphoiitha molesta* Busck）为我国果树重要害虫，又名梨小蛀果蛾、东方蛀果蛾，属鳞翅目（Lepidoptera）小卷蛾科（Tortricidae）。

3.2 昆虫性信息素（insect sex pheromone）

昆虫成虫分泌并向体外释放的、引诱同种异性个体前来求偶交配的信息化学物质。

3.3 性诱剂（sex attractant）

人工合成的昆虫性信息素或类似物，称为昆虫性引诱剂，简称"性诱剂"。

3.4 性诱芯（sex lure）

含有适量昆虫性诱剂的载体。

4 监测专用性诱芯制作方法

4.1 性诱剂准备

4.1.1 性诱剂活性组分、配比、含量

梨小食心虫监测专用性诱芯的 3 个性诱剂活性组分为:顺-8-十二烯醇乙酸酯、反-8-十二烯醇乙酸酯和顺-8-十二烯醇,三者配比为 93∶6∶1,每枚性诱芯性诱剂活性组分含量合计为(200±5)μg。各组分纯度要达到 99%。

4.1.2 抗氧化剂

抗氧化剂为 2,6-二叔丁基-4-甲基苯酚(BHT),每枚性诱芯抗氧化剂含量为(20±1)μg。

4.1.3 溶剂

采用分析纯正己烷作为溶剂。

4.2 性诱芯载体规格

性诱芯载体为天然脱硫橡胶塞;载体长度(14±2)mm,最大断面直径(10±1)mm;每个性诱芯净重 540～580 mg;胶塞形状为反口、钟形;颜色为红色。

4.3 主要制作器具

称量误差≤0.001 g 的电子天平,20 mL 量筒,25 mL 具塞平底烧瓶,量程误差≤0.07 μL 的 10～100 μL 单道微量移液器,电热封口机,7 cm×10 cm～10 cm×14 cm 的 15 dmm 铝箔纸包装袋,橡胶塞碗。

4.4 制作室温度、湿度

制作室内温度为(20±1)℃,相对湿度 40%～60%。

4.5 制作批量

每次制作批量不少于 1 000 枚。

4.6 制作步骤

以下步骤以 1 000 枚制作批量为例。制作更大批量时,所需性诱剂活性组分及各辅助成分按比例增加。

4.6.1　性诱剂溶液配制

精确量取正己烷 19.75 mL,置入 25 mL 具塞平底烧瓶内,迅速盖紧瓶塞,尽可能减少溶剂挥发。分别精确称取 3 种性诱剂活性组分的混合液 0.2 g 和抗氧化剂 0.02 g,置入盛放正己烷的平底烧瓶内,迅速盖紧瓶塞,摇晃 3 min。

4.6.2　性诱芯制作

将移液器定于 20 μL,吸入溶液,注进橡胶塞大头的碗口内,每枚橡胶塞注 1 次。整个制作过程连续完成,注液时防止漏注或多注。

4.6.3　包装封口

15 min 后,待橡胶塞碗口内变干,将性诱芯装入铝箔纸包装袋,每袋 10～50 枚,包装袋封口。

4.7　保存

性诱芯使用前保持密封,冷冻存放于 −18℃ 的冰柜中,保存时间不超过 6 个月。

5　性诱芯田间应用技术

5.1　诱捕器选择

选用黏胶板诱捕器或水盆诱捕器均可。

5.1.1　黏胶板诱捕器

黏胶板诱捕器,材料选用高强度钙塑板,形状为三角形,规格(长×宽×高)为 24.5 cm×18.0 cm×15.5 cm,白色黏胶板单面涂胶,每张胶板涂胶量为 5 g。将黏胶板置于诱捕器底部,性诱芯横向用大头针固定在诱捕器底部黏胶板的中央,配有悬挂用的细铁丝。

5.1.2　水盆诱捕器

水盆诱捕器,选用红色硬质塑料盆,直径 25 cm,性诱芯用细铁丝固定在水盆中央,并配有悬挂用的细铁丝。性诱芯距水面 0.5～1.0 cm,盆中加 0.5% 的洗衣粉水。其他按照 NY/T 2039 的要求进行。

5.2　诱捕器设置和管理

5.2.1　诱捕器设置

选择当地具有代表性、集中连片、周围无高大建筑物遮挡的,面积不小于 50×

666.7 m² 的桃园、梨园等果园各 3 个。根据果园大小,每个果园从边缘 10 m 起,向中心方向等距离悬挂 3～5 个诱捕器,诱捕器间距不少于 40 m。诱捕器要悬挂在果树树冠的背阴处,悬挂高度 1.5～1.8 m。

5.2.2　田间管理与数据采集

每天上午检查记载诱捕器中的诱蛾数量,记录格式按照 NY/T 2039 的要求进行。在检查记载时用镊子清除黏胶板上的虫尸及杂物,或用漏勺清除水盆中的虫尸及杂物。黏胶板诱捕器中的黏胶板每 15 d 更换 1 次,春季遇沙尘天气或虫量过大时,应酌情缩短黏胶板的更换时间。水盆诱捕器要注意适时加水和洗衣粉。

诱捕器中的性诱芯应为当年制作的新诱芯,且需每 30 d 更换 1 次。包装袋中的性诱芯未用完时,应将包装袋封口、−18℃ 以下冷冻保存,以便当季使用。本年度未用完的性诱芯不得存放至次年再用。

为保证果园梨小食心虫发生动态的长期监测,不同年份间应保持性诱芯监测果园、设置地点和位置不变。

5.3　成虫监测与防治适期预报

春季桃树、梨树等果树萌芽期,在桃园、梨园等果园悬挂诱捕器开始进行梨小食心虫成虫发生动态监测。当每次成虫连续出现且数量显著增加时,表明进入成虫羽化盛期。越冬世代 6～8 d 后、其他世代 4～6 d 后即为卵孵化盛期,此时即为桃园、梨园等果园梨小食心虫的药剂防治适期。进入秋季后,连续 7 d 诱不到成虫时即结束当年的监测工作。

附录 6　梨小食心虫综合防治技术规程(NY/T 2685—2015)

1　范围

本标准规定了梨小食心虫的防治适期、防治指标及防治技术。

本标准适用于梨园、桃园梨小食心虫的防治,其他梨小食心虫发生危害的果园参照执行。

2　规范性引用文件

下列文件对于本文件的应用是必不可少的。凡是注日期的引用文件,仅注日期的版本适用于本文件。凡是不注日期的引用文件,其最新版本(包括所有的修改单)适用于本文件。

　　GB 4285 农药安全使用标准

　　GB/T 8321 农药合理使用准则

　　NY/T 2039 梨小食心虫测报技术规范

　　NY/T 2157 梨主要病虫害防治技术规程

　　NY/T 5102 无公害食品 梨生产技术规程

　　NY/T 5114 无公害食品 桃生产技术规程

3　术语和定义

下列术语和定义适用于本文件。

3.1　性信息素 sex pheromone

昆虫成虫分泌和释放的、对同种异性个体有引诱作用的信息化学物质。

3.2　性诱剂 sex attractant

昆虫成虫分泌的引诱异性的信息素,或人工合成的有类似效应的化合物。

3.3　诱芯 lure

含有昆虫性诱剂的载体。

3.4　迷向防治 mating disruption

利用昆虫性信息素或其人工合成物迷惑、干扰昆虫雌雄成虫间的正常性信息联系,使雄性成虫失去对雌性成虫的定向能力而不能进行交尾,从而达到降低虫口密度的方法。

3.5　诱捕防治 mass trapping

利用昆虫性诱剂诱捕器大量诱杀雄性成虫,改变田间雌雄成虫的性比,减少雌雄成虫的交尾概率,从而达到降低虫口密度的方法。

4　防治策略

坚持"预防为主、综合防治"的植保方针,遵循"绿色植保、公共植保"的现代植保理念,在保障果品质量安全和果园生态安全的前提下,梨小食心虫的防治要坚持"以农业防治为基础、优先采用理化诱杀和生防技术、大发生时加强药剂适期防治"的策略。

5 防治技术

5.1 农业防治

5.1.1 合理安排果园布局

建立新果园时,要避免梨树与梨小食心虫其他寄主果树混栽或梨园与梨小食心虫其他寄主果园相邻。

5.1.2 杀灭越冬幼虫

果实采收前,在距离树干基部 20 cm 处绑缚由瓦楞纸制成的诱虫带或草束、布条、麻袋片等,诱集脱果幼虫在其中越冬,翌年 2 月取下集中烧毁;或者是 11 月至翌年 2 月桃树、梨树休眠期,彻底刮除树干和主枝上的老粗翘皮,并清扫果园中的枯枝落叶,集中深埋或烧毁。冬季深翻树冠下的土壤 20 cm 以上,使在表土层中越冬的老熟幼虫深埋,不能羽化出土。

5.1.3 清除虫梢虫果

5—7 月上旬,在桃园中经常检查并及时剪除开始萎蔫的桃树新梢,并集中深埋;7 月中旬至 9 月中旬,及时摘除梨园、桃园中的虫果,捡拾落果,并集中深埋。

5.2 果实套袋

梨树果实套袋在落花后 15～45 d 内完成,选用防虫果实袋,套袋前喷施 1 次防治果实病虫害的药剂,套袋时注意扎紧袋口。

5.3 性信息素应用

5.3.1 迷向防治

桃树和梨树开花初期,在桃树和梨树中上部枝条上悬挂梨小食心虫迷向丝,全园均匀悬挂,用量按产品说明规定使用,同时根据迷向丝产品的持效期按时进行更换。大面积连片、连续多年使用效果更好。

5.3.2 诱捕防治

春季桃树和梨树开花初期,在桃园和梨园树冠的背阴处悬挂性诱剂水盆诱捕器或性诱剂黏胶诱捕器诱杀梨小食心虫成虫。性诱剂水盆诱捕器选用硬质塑料盆,直径 20～25 cm,诱芯用细铁丝固定在水盆中央,诱芯距水面 0.5～1.0 cm,盆中加清水及少量洗衣粉,注意及时清除水盆中的虫尸及杂物。性诱剂黏胶诱捕器中的诱芯固定在黏胶板的中央,注意适时更换黏胶板。诱捕器悬挂高度 1.5 m 左右,每 666.7 m² 等距离悬挂诱捕器 5～10 个,诱芯 30～45 d 更换 1 次。

5.4 糖醋液防治

春季桃树和梨树开花初期,在桃园和梨园树冠的背阴处悬挂糖醋液诱捕器诱杀梨小食心虫成虫。糖醋液配比为糖∶乙酸∶乙醇∶水＝3∶1∶3∶120。注意在糖醋液中加少许敌百虫杀虫剂。诱捕器用水盆选用直径 20～25 cm 的硬质塑料盆,诱捕器悬挂高度 1.5 m 左右,每 666.7 m² 等距离悬挂诱捕器 5～10 个,糖醋液每 10～15 d 更换 1 次。雨后注意及时更换糖醋液。如天气炎热,蒸发量大时,应及时补充糖醋液。

5.5 赤眼蜂防治

选择当地梨小食心虫卵中的优势种赤眼蜂,用柞蚕卵或米蛾卵等中间寄主繁育,在桃园和梨园中释放防治梨小食心虫。自每代梨小食心虫卵始盛期开始释放赤眼蜂,每隔 3～5 d 释放 1 次,每代卵期放蜂 3 次,每次每 666.7 m² 放蜂 30 000 头。

5.6 药剂防治

5.6.1 防治适期与防治指标

春季桃树开花初期,选用性信息素含量 200 μg 的标准诱芯,在桃园进行梨小食心虫成虫发生动态监测,当每次成虫连续出现且数量显著增加时,表明进入成虫羽化盛期,越冬世代 6～8 d 后、其他世代 4～6 d 后即为卵孵化盛期,此时即为桃园梨小食心虫的药剂防治适期;或者是春夏季定期进行折梢率调查,夏秋季定期进行卵果率调查,当折梢率达到 5％时或卵果率达到 1％时,进行药剂防治。

夏季梨果开始膨大前,选用性信息素含量 200 μg 的标准诱芯,在梨园进行梨小食心虫成虫发生动态监测,当每次成虫连续出现且数量显著增加时,表明进入成虫羽化盛期,4～6 d 后即为卵孵化盛期,此时即为梨园梨小食心虫的药剂防治适期;或者是夏秋季定期进行卵果率调查,当卵果率达到 1％时,进行药剂防治。

性诱剂诱捕器的设置和折梢率、卵果率的调查按照 NY/T 2039 的要求进行。

5.6.2 药剂施用原则

根据预测预报,适期用药;合理选择农药种类、施用时间和方法,保护天敌;严格按照农药登记的标签或说明书中规定的浓度、年使用次数和安全间隔期施用农药,施药须均匀周到。其他按照 GB 4285、GB/T 8321、NY/T 2157、NY/T 5102、NY/T 5114 的规定执行。

5.6.3 药剂选择

选用 2.5％高效氯氟氰菊酯乳油 2 000～3 000 倍(安全间隔期 21 d,每年最多使用 2 次)或 20％ 氰戊菊酯乳油 1 500～2 500 倍(安全间隔期 14 d,每年最多使用 3 次)或 35％氯虫苯甲酰胺水分散粒剂 7 000～10 000 倍(安全间隔期 15 d,每年最多使用 3 次)或 40％毒死蜱乳油 1 500～2 000 倍(安全间隔期 28 d,每年最多使用 1 次)或 1.8％阿维菌素乳油 2 000～4 000 倍(安全间隔期 14 d,每年最多使用 2 次)进行喷雾防治。每代梨小食心虫一般需喷药防治 1～2 次。喷药后如遇降雨应进行补喷。积极倡导选用高效、低毒、低残留新农药。

参 考 文 献

[1] Abivardi C, Benz G. Effect of bisabolangelone on development of *Cydia pomonella* larvae and oviposition of the females. Entomologia Experimentalis Et Applicata, 1995, 75(3): 193-201.

[2] Alan H, Silvia D. Sexual dimorphism in the olfactory orientation of adult *Cydia pomonella* in response to alpha-farnesene. Entomologia Experimentalis Et Applicata, 1999, 92(1):63-72.

[3] Ansebo L, Mda C, Bengtsson M, et al. Antennal and behavioural response of codling moth *Cydia pomonella* to plant volatiles. Journal of Applied Entomology, 2010, 128(7): 488-493.

[4] Antony C, Davis T L, Carlson D A, et al. Compared behavioral responses of male *Drosophila melanogaster* (Canton-S) to natural and synthetic aphrodisiacs. Journal of Chemical Ecology, 1985, 11(12): 1617-1629.

[5] Arioli C J, Carvalho G A, Botton M. Seasonal fluctuation of *Grapholita molesta* (Busck) using sexual pheromon in peach orchards in Bento Gon alves, RS, Brazil. Ciencia Rural, 2005, 35(1): 1-5.

[6] Arn H, Guerin P M, Buser H R, et al. Sex pheromone blend of the codling moth, *Cydia pomonella*: Evidence for a behavioral role of dodecan-1-ol. Experientia, 1985, 41(11): 1482-1484.

[7] Bäckman A C, Anderson P, Bengtsson M, et al. Antennal response of codling moth males, *Cydia pomonella* L. (Lepidoptera: Tortricidae), to the geometric isomers of codlemone and codlemone acetate. Journal of Comparative Physiology A Sensory Neural & Behavioral Physiology, 2000, 186(6): 513-519.

[8] Baker T C, Meyer W, Roelofs W L. Sex pheromone dosage and blend specificity of response by oriental fruit moth males. Entomologia Experimentalis Et Applicata, 1981, 30(3): 269-279.

[9] Baker T C, Haynes K F. Field and laboratory electroantennographic meas-

urements of pheromone plume structure correlated with oriental fruit moth behaviour. Physiological Entomology, 2010, 14(1): 1-12.

[10] Baker T C. Pheromone-mediated optomoter anemotaris and atiude control exhibited by mole oriental fruit moths in the field. Physiological Entomology, 1996, 21(1): 20-32.

[11] Barnes M M, Millar J G, Kirsch P A, et al. Codling moth (Lepidoptera: Tortricidae) control by dissemination of synthetic female sex pheromone. Journal of Economic Entomology, 1992, 85(85): 1274-1277.

[12] Bartell R J, Bellas T E, Whittle C P. Evidence for biological activity of two further alcohols in the sex pheromone of female *Cydia pomonella* (L.) (Lepidoptera: Tortricidae). Austral Entomology, 2014, 27(1): 11-12.

[13] Bellerose S, Chouinard G, Roy M. Occurrence of *Grapholita molesta* (Lepidoptera: Tortricidae) in major apple-growing areas of southern Quebec. Canadian Entomologist, 2007, 139(2): 292-295.

[14] Bengtsson M, Jaastad G, Knudsen G, et al. Plant volatiles mediate attraction to host and non-host plant in apple fruit moth, Argyresthia conjugella. Entomologia Experimentalis Et Applicata, 2010, 118(1):77-85.

[15] Bengtsson M, Bäckman A C, Liblikas I, et al. Plant odor analysis of apple: antennal response of codling moth females to apple volatiles during phenological development. Journal of Agricultural Food Chemistry, 2001, 49 (8): 3736-3741.

[16] Beroza M, Bierl B A, Moffitt H R. Sex pheromones: (*E*,*E*)-8,10-dodecadien-1-ol in the codling moth. Science, 1974, 183(4120): 89-90.

[17] Bradley S J, Suckling D M. Factors influencing codling moth larval response to α - farnesene. Entomologia Experimentalis Et Applicata, 1995, 75(3):221-227.

[18] Brand J M, Fales H M, Sokoloski E A, et al. Identification of mellein in the mandibular gland secretions of carpenter ants. Life Sciences, 1973, 13 (3): 201-211.

[19] Brewer M J, Trumble J T. Field monitoring for insecticide resistance in Beet armyworm (Lepidoptera: Noctuidae). Journal of Economic Entomology, 1989, 82: 1520-1526.

[20] Brown D F, Knight A L, Howell J F, et al. Emission characteristics of a

polyethylene pheromone dispenser for mating disruption of codling moth (Lepidoptera: Tortricidae). Journal of Economic Entomology, 1992, 85 (3): 910-917.

[21] Brunner J, Welter S, Calkins C, et al. Mating disruption of codling moth: A perspective from the Western United States. 2002, 25(1): 1-11.

[22] Bruno S, Gottfried B, Schloster M. ω-Hydroxyalkylphosphonium salts as instant-ylide components. Extremely convenient and highly cisselective synthesis of alkanol-type pheromones. Tetrahedron Letter, 1985, 26(3): 307-312.

[23] Calkins C O, Faust R J. Overview of areawide programs and the program for suppression of codling moth in the western USA directed by the United States Department of Agriculture-Agricultural Research Service. Pest Management Science, 2003, 59(6-7): 601-604.

[24] Cardé A M, Baker T C, Cardé R T. Identification of a four-component sex pheromone of the female oriental fruit moth, Grapholitha molesta, (Lepidoptera: Tortricidae). Journal of Chemical Ecology, 1979, 5(3): 423-427.

[25] Cardé R T, Baker T C, Castrovillo P J. Disruption of sexual communication in *Laspeyresia pomonella* (Codling moth), *Grapholitha molesta* (Oriental fruit moth) and G. *prunivora* (Lesser appleworm) with hollow fiber attractant sources. Entomologia Experimentalis Et Applicata, 2011, 22(3): 280-288.

[26] Cardé R T, Baker T C, Roelofs W L. Behavioural role of individual components of a multichemical attractant system in the oriental fruit moth. Nature, 1975, 253(5490): 348-349.

[27] Cardé R T, Minks A K. Control of moth pests by mating disruption. Successes and constraints,1995, 40(1): 559-585.

[28] Castrovillo P J, Cardé R T. Male codling moth (*Laspeyresia pomonella*) orientation to visual cues in the presence of pheromone and sequences of courtship behaviors. Annals of the Entomological Society of America, 1980, 73(1):100-105.

[29] Charles L. The effects of different blend ratios and temperature on the active space of the oriental fruit sex pheromone. Physiological Entomology, 1991, 16 (2): 211-222.

[30] Charlton R E, Cardé R T. Comparing the effectiveness of sexual communication disruption in the oriental fruit moth(*Grapholitha molesta*) using different combinations and dosages of its pheromone blend. Journal of Chemical Ecology, 1981, 7(3): 501-508.

[31] Coracini M, Bengtsson M, Cichon L, et al. Codling moth males do not discriminate between pheromone and a pheromone/antagonist blend during upwind flight. Die Naturwissenschaften, 2003, 90(9): 419-23.

[32] Delwiche M, Atterholt C, Rice R. Spray application of paraffin emulsions containing insect pheromones for mating disruption. 1998, 41(2): 475-480.

[33] Dorn S, Natale D, Mattiacci L, et al. Response of female *Cydia molesta* (Lepidoptera: Tortricidae) to plant derived volatiles. Bulletin of Entomological Research, 2003, 93(4): 335-342.

[34] Douglas M L, Alan K. Specificity of codling moth (Lepidoptera: Tortricidae) for the host plant kairomone, Ethyl (2E,4Z)-2,4-Decadienoate: Field bioassays with pome fruit volatiles, analogue, and isomeric compounds. Journal of Agricultural Food Chemistry, 2005, 53(10): 4046-4053.

[35] Duthie B, Gries G, Gries R, et al. Does pheromone-based aggregation of codling moth larvae help procure future mates Journal of Chemical Ecology, 2003, 29(2): 425-436.

[36] ElSayed A, Bengtsson M, Rauscher S, et al. Multicomponent sex pheromone in codling moth (Lepidoptera: Tortricidae). Environmental Entomology, 1999, 28(5):775-779.

[37] Fo W R, Nora I, Melzer R. Population dynamics of *Grapholitha molesta*, Busck, 1916, and its adaptation on apple in South Brazil. Acta Horticulturae, 1988, 232(27):204-208.

[38] Gentry C R, Beroza M, Blythe J L. Pecan bud moth: Captures in Georgia in traps baited with the pheromone of the oriental fruit moth. Environmental Entomology, 1975, 4(2): 227-228.

[39] George J A. Sex pheromone of the oriental fruit moth *Grapholitha molesta* (Busck) (Lepidoptera: Tortricidae). Canadian Entomologist, 1965, 97(9): 1002-1007.

[40] Gjr J, Mgt G. Towards eradication of codling moth in British Columbia by complimentary actions of mating disruption, tree banding and sterile insect

technique: Five-year study in organic orchards. Crop Protection, 2005, 24 (8): 718-733.

[41] Gut L J, Brunner J F. Pheromone-based management of codling moth (Lepidoptera: Tortricidae) in Washington apple orchards. Journal of Agricultural & Urban Entomology, 1998, 15(4):387-406.

[42] György M, Miklós T, Jean-Pierre C, et al. Sex pheromone of pear moth, *Cydia pyrivora*. Biocontrol, 1998, 43(3): 339-344.

[43] Han K S, Jin K J, Choi K H, et al. Sex pheromone composition and male trapping of the oriental fruit moth, *Grapholita molesta* (Lepidoptera: Tortricidae) in Korea. Journal of Asia-Pacific Entomology, 2001, 4(1): 31-35.

[44] Hansson B S, Larsson M C, Leal W S. Green leaf volatile-detecting olfactory receptor neurones display very high sensitivity and specificity in a scarab beetle. Physiological Entomology, 2010, 24(2): 121-126.

[45] Harrewijn P, Minks A K, Mollema C. Evolution of plant volatile production in insect-plant relationships. Chemoecology, 1994, 5(2): 55-73.

[46] Hathaway D O, Mcgovern T P, Beroza M, et al. An inhibitor of sexual attraction of male codling moths to a synthetic sex pheromone and virgin females in traps. Environmental Entomology, 1974, 3(3): 522-524.

[47] Hern A, Dorn S. A female-specific attractant for the codling moth, *Cydia pomonella*, from apple fruit volatiles. Naturwissenschaften, 2004, 91(2): 77-80.

[48] Hern A, Dorn S. Induction of volatile emissions from ripening apple fruits infested with *Cydia pomonella* and the attraction of adult females. Entomologia Experimentalis Et Applicata, 2002, 102(2): 145-151.

[49] Hern A, Dorn S. Statistical modelling of insect behavioural responses in relation to the chemical composition of test extracts. Physiological Entomology, 2001, 26(4):381-390.

[50] Howell J F, Knight A L, Unruh T R, et al. Control of codling moth in apple and pear with sex pheromone-mediated mating disruption. Journal of Economic Entomology, 1992, 85(3): 918-925.

[51] Huang G Z, Li J M, Lu J L, et al. Novel convenient synthesis of (Z/E)-8-dodecenyl acetates, components of the *Grapholitha molesta* sex pheromone. Chemistry of Natural Compounds, 2006, 42(6): 727-729.

[52] Hughes J, Dorn S. Sexual differences in the flight performance of the oriental fruit moth, *Cydia molesta*. Entomologia Experimentalis Et Applicata, 2010, 103(2): 171-182.

[53] Hughes J, Hern A, Dorn S. Preimaginal environment influences adult flight in *Cydia molesta* (Lepidoptera: Tortricidae). Environmental Entomology, 2004, 33(5): 1155-1162.

[54] Il'ichev A L, Stelinski L L, Williams D G, et al. Sprayable microencapsulated sex pheromone formulation for mating disruption of oriental fruit moth (Lepidoptera: Tortricidae) in Australian peach and pear orchards. Journal of Economic Entomology, 2006, 99(6): 2048-2054.

[55] Il'Ichev A L, Kugimiya S. Volatile compounds from young peach shoots attract males of oriental fruit moth in the field. Journal of Plant Interactions, 2009, 4(4): 289-294.

[56] Jr C E L, Roelofs W L. Effect of varying proportions of the alcohol component on sex pheromone blend discrimination in male oriental fruit moths. Physiological Entomology, 2010, 8(3): 291-306.

[57] Judd G J R, Gardiner M G T, Thomson D R. Control of codling moth in organically-managed apple orchards by combining pheromone-mediated mating disruption, post-harvest fruit removal and tree banding. Entomologia Experimentalis Et Applicata, 1997, 83(2): 137-146.

[58] Kehat M, Anshelevich L, Dunkelblum E, et al. Sex pheromone traps for monitoring the codling moth: effect of dispenser type, field aging of dispenser, pheromone dose and type of trap on male captures. Entomologia Experimentalis Et Applicata, 2011, 70(1): 55-62.

[59] Kesselmeier J, Staudt M. Biogenic volatile organic compounds (VOC): An overview on emission, physiology and ecology. Journal of Atmospheric Chemistry, 1999, 33(1): 23-88.

[60] Khrimyan A P, Makaryan G M, Ovanisyan A L, et al. A new synthesis of the pheromone of the codling moth dodeca-8E,10E-dien-1-ol via an enynic intermediate. Chemistry of Natural Compounds, 1991, 27(1): 103-108.

[61] Kim Y, Jung S, Kim Y, et al. Real-time monitoring of oriental fruit moth, *Grapholita molesta*, populations using a remote sensing pheromone trap in apple orchards. Journal of Asia-Pacific Entomology, 2011, 14(3): 259-

262.

[62] Kirk H, Dorn S, Mazzi D. Worldwide population genetic structure of the o-riental fruit moth (*Grapholita molesta*), a globally invasive pest. BMC E-cology, 2013, 13(1):1-12.

[63] Knight A L, Hilton R, Light D M. Monitoring codling moth (Lepidoptera: Tortricidae) in apple with blends of ethyl (*E*, *Z*)-2,4-decadienoate and codlemone. Environmental Entomology, 2015, 34(3): 598-603.

[64] Knight A L, Howell J F, Mcdonough L M, et al. Mating disruption of cod-ling moth (Lepidoptera: Tortricidae) with polyethylene tube dispensers: determining emission rates and the distribution of fruit injuries. Journal of Agricultural Entomology, 1995, 12(2): 85-100.

[65] Knight A L, Light D M. Seasonal flight patterns of codling moth (Lepidop-tera: Tortricidae) monitored with pear ester and codlemone-baited traps in sex pheromone-treated apple orchards. Environmental Entomology, 2005, 34(5): 1028-1035.

[66] Koch U T, Lüeder W, Clemenz S, et al. Pheromone measurements by field EAG(electroantennography) in apple orchards. Bulletin Oilb Srop, 1997, 20:181-190.

[67] Kovanc O B, Gencer N S, Larsen T E. The deposition and retention of a microencapsulated oriental fruit moth pheromone applied as an ultra-low volume spray in the canopy of three peach cultivars. Bulletin of Insectolo-gy, 2009, 62(1): 69-74.

[68] Kovanc O B, Schal C, Walgenbach J F, et al. Comparison of mating dis-ruption with pesticides for management of oriental fruit moth (Lepidoptera: Tortricidae) in North Carolina apple orchards. Journal of Economic Ento-mology, 2005, 98(4): 1248-1258.

[69] Lacey L A, Arthurs S, Knight A, et al. Efficacy of codling moth granulov-irus: Effect of adjuvants on persistence of activity and comparison with oth-er larvicides in a Pacific Northwest apple orchard. Journal of Entomological Science, 2004, 39(4): 500-513.

[70] Lacey M J, Sanders C J. Chemical composition of sex pheromone of oriental fruit moth and rates of release by individual female moths. Journal of Chemical Ecology, 1992, 18(8): 1421-1435.

[71] Lame F M D. Improving mating disruption programs for the oriental fruit moth, *Grapholita molesta* (Busck): efficiency of new wax-based formulations and effects of dispenser application height and density. MS thesis, Michigan State University, East Lansing, MI, 2003.

[72] Landolt P J, Brumley J A, Smithhisler C L, et al. Apple fruit infested with codling moth are more attractive to neonate codling moth larvae and possess increased amounts of (E, E)-α-farnesene. Journal of Chemical Ecology, 2000, 26(7): 1685-1699.

[73] Landolt P J, Hofstetter R W, Chapman P S. Neonate codling moth larvae (Lepidotpera: Tortricidae) orient anemotactically to odor of immature apple fruit. The Pan-Pacific Entomologist, 1998, 74(3): 140-149.

[74] Light D M, Flath R A, Buttery R G, et al. Host-plant green-leaf volatiles synergize the sex pheromones of the corn earworm and codling moth (Lepidoptera). Chemoecology, 1993, 4(3):145-152.

[75] Light D M, Knight A L, Henrick C A, et al. A pear-derived kairomone that attracts male and female codling moth, Cydia pomonella (L.). Science of Nature, 2001, 88(8): 333-338.

[76] Linn C E,Campbell M G,Roelofs W L. Male moth sensitivity to multicomponent pheromones: critical role of female-release blend in determining the functional role of components and active space of the pheromone. Journal of Chemical Ecology,1986, 12(3): 659-668.

[77] Lombarkia N, Derridj S. Incidence of apple fruit and leaf surface metabolites on *Cydia pomonella*, oviposition. Entomologia Experimentalis Et Applicata, 2002, 104(1): 79-87.

[78] Lucas P, Renou M, Tellier F, et al. Electrophysiological and field activity of halogenated analogs of (E,E)-8,10-dodecadien-1-ol, the main pheromone component, in codling moth (*Cydia pomonella* L.). Journal of Chemical Ecology, 1994, 20(3): 489.

[79] Macht D I. A pharmacological examination of benzaldehyde and mandelic acid. Journal of Pharmaceutical Sciences, 2010, 11(11): 897-904.

[80] Masante-Roca I, Anton S, Delbac L,et al. Attraction of the grapevine moth to host and non-host plant parts in the wind tunnel: effects of plant phenology, sex, and mating status. Entomologia Experimentalis et Applicata,

2007, 122(3): 239-245.

[81] Mattiacci L, Rocca B A, Scascighini N, et al. Systemically induced plant volatiles emitted at the time of "danger". Journal of Chemical Ecology, 2001, 27(11): 2233-2252.

[82] Mcdonough L M, Davis H G, Chapman P S, et al. Codling moth, *Cydia pomonella* (Lepidoptera: Tortricidae): Is its sex pheromone multicomponent Journal of Chemical Ecology, 1995, 21(8): 1065-1071.

[83] Molinari F, Cravedi P. Ⅱ metodo della confusione nella difesa contro *Cydia molesta* (Busck) e Anarsia lineatella Zell. Informatore Fitopatologico, 1990, 40(3): 31-36.

[84] Myers C T, Hull L A, Krawczyk G. Effects of orchard host plants (apple and peach) on development of oriental fruit moth (Lepidoptera: Tortricidae). Journal of Economic Entomology, 2007, 100(2): 421-430.

[85] Natale D, Mattiacci L, Pasqualini E, et al. Apple and peach fruit volatiles and the apple constituent butyl hexanoate attract female oriental fruit moth, *Cydia molesta*, in the laboratory. Journal of Applied Entomology, 2010, 128(1): 22-27.

[86] Nishida R, Baker T C, Roelofs W L. Hairpencil pheromone components of male oriental fruit moths, *Grapholitha molesta*. Journal of Chemical Ecology, 1982, 8(6): 947-959.

[87] Odinokov V N, Balezina G G, Ishmuratov G Y, et al. Insect pheromones and their analogues. X. The stereodirected synthesis of (E,E)-dodeca-8, 10-dienol. Chemistry of Natural Compounds, 1984, 20(4): 486-489.

[88] Pasqualini E, Schmidt S, Espiñha I, et al. Effects of the kairomone ethyl (2E, 4Z)-2, 4-decadienoate (DA 2313) on the oviposition behaviour of *Cydia pomonella*: Preliminary investigations. Bulletin of Insectology, 2005, 58(2): 119-124.

[89] Pfeiffer D G, Kaakeh W, Killian J C, et al. Mating disruption for control of damage by codling moth in Virginia apple orchards. Entomologia Experimentalis Et Applicata, 1993, 67(1):57-64.

[90] Piñero J C, Dorn S. Response of female oriental fruit moth to volatiles from apple and peach trees at three phenological stages. Entomologia Experimentalis Et Applicata, 2010, 131(1): 67-74.

［91］Pollini A，Bariselli M. Cydia molesta：pest on the increase and defence of pomefruits. Informatore Agrario，1993，14(1)：19-21.

［92］Preiss R，Priesner E. Responses of male codling moths (*Laspeyresia pomonella*) to codlemone and other alcohols in a wind tunnel. Journal of Chemical Ecology，1988，14(3)：797-813.

［93］Ramaswamy S B. Host finding by moths：sensory modalities and behaviours. Journal of Insect Physiology，1988，34(3)：235-249.

［94］Renou M，Berthier A，Guerrero A. Disruption of responses to pheromone by (*Z*)-11-hexadecenyl trifluoromethyl ketone，an analogue of the pheromone，in the cabbage armyworm Mamestra brassicae. Pest Management Science，2002，58(8)：839-844.

［95］Reyes M，Franck P，Olivares J，et al. Worldwide variability of insecticide resistance mechanisms in the codling moth，*Cydia pomonella* L. (Lepidoptera：Tortricidae). Bulletin of Entomological Research，2009，99(4)：359.

［96］Riba M，Sans A，Solé J，et al. Antagonism of pheromone response of Ostrinia nubilalis males and implications on behavior in the laboratory and in the field. Journal of Agricultural & Food Chemistry，2005，53(4)：1158-65.

［97］Roelof W L，Comeau A，Hill A. Milicevic G. Sex attractant of the codling moth：characterization with electroantennogram technique. Science，1971，174：297-299.

［98］Roelofs W L，Comeau A，Selle R. Sex pheromone of the oriental fruit moth. Nature，1969，224(5220)：723-723.

［99］Rumbo E R，Vickers R A. Prolonged adaptation as possible mating disruption maechanism in oriental fruit moth，*Grapholitha molesta*. Journal of Chemical Ecology，1997，23(2)：445-449.

［100］Sanders C J，Lucuik G S. Disruption of male oriental fruit moth to calling female in a wind tunnel by different concentration of synheic pheromone. Journal of Chemical Ecology，1996，22(11)：1971-1774.

［101］Sans A，Gago R，Mingot A，et al. Electrophilic derivatives antagonise pheromone attraction in *Cydia pomonella*. Pest Management Science，2013，69(11)：1280-1290.

［102］Shackel K A，Lampinen B，Southwick S，et al. Effects of microbial，botanical, and synthetic insecticides on "red delicious" apple arthropods in arkansas. Changing World of the Trainer, 2001, 87(23): 156-175.

[103] Shakova V V, Zorin R R, Musavirov M G, et al. Synthesis of dodeca-8e, 10e-dien-1-olthe sex pheromone of *Laspeyresia pomonella*, via the acetolysis of 4-propenyl-1,3-dioxane. Chemistry of Natural Compounds, 1996, 32 (4): 582-584.

[104] Stelinski L L, Gut L J, Pierzchala A V, et al. Field observations quantifying attraction of four tortricid moths to high-dosage pheromone dispensers in untreated and pheromone-treated orchards. Entomologia Experimentalis Et Applicata, 2010, 113(3): 187-196.

[105] Stelinski L L, Il'Ichev A L, Gut L J. Antennal and behavioral responses of virgin and mated oriental fruit moth (Lepidoptera: Tortricidae) females to their sex pheromone. Annals of the Entomological Society of America, 2006, 99(5): 898-904.

[106] Stelinski L L, Mcghee P, Haas M, et al. Sprayable microencapsulated sex pheromone formulations for mating disruption of four tortricid species: effects of application height, rate, frequency, and sticker adjuvant. Journal of Economic Entomology, 2007, 100(4): 1360-1369.

[107] Streinz L, Horak A, Vrkoč J, et al. Propheromones derived from codlemone. Journal of Chemical Ecology, 1993, 19(1):1-9.

[108] Suckling D M, Angerilli N P D. Point source distribution affects pheromone spike frequency and communication disruption of *Epiphyas postvittana* (Lepidoptera: Tortricidae). Environmental Entomology, 1996, 25 (1): 101-108.

[109] Sutherland O R W, Wearing C H, Hutchins R F N. Production of α-farnesene, an attractant and oviposition stimulant for codling moth by developing fruit of ten varieties of apple. Journal of Chemical Ecology, 1977, 3 (6): 625-631.

[110] Tasin M, Anfora G, Ioriatti C, et al. Antennal and behavioral responses of grapevine moth *Lobesia botrana* females to volatiles from grapevine. Journal of Chemical Ecology, 2005, 31(1): 77-87.

[111] Tellier F, Sauvê Tre R, Normant J F. Synthèse de fluorocodlemones. Journal of Organometallic Chemistry, 1989, 364(1): 17-28.

[112] Theis N, Lerdau M. The evolution of function in plant secondary metabo-lites. International Journal of Plant Sciences, 2003, 164(S3): 93-102.

[113] Timm A E, Geertsema H, Warnich L. Population genetic structure of *Grapholitha molesta* (Lepidoptera: Tortricidae) in South Africa. Annals of the Entomological Society of America, 2008, 101(1): 197-203.

[114] Trimble R M, Pree D J, Barszcz E S, et al. Comparison of a sprayable pheromone formulation and two hand-applied pheromone dispensers foruse in the integrated control of oriental fruit moth (Lepidoptera: Tortricidae). Journal of Economic Entomology, 2004, 97(2): 482-489.

[115] Tschudirein K, Brand N, Dorn S. First record of *Hyssopus pallidus* (A-skew, 1964) for Switzerland (Hymenoptera: Eulophidae). Revue Suisse De Zoologie, 2004, 111(3): 671-672.

[116] Varela N, Couton L, Gemeno C, et al. Three-dimensional antennal lobe atlas of the oriental fruit moth, *Cydia molesta* (Busck) (Lepidoptera: Tortricidae): comparison of male and female glomerular organization. Cell & Tissue Research, 2009, 337(3): 513-526.

[117] Visser J H. Host odor perception in phytophagous insects. Annual Review of Entomology, 1986, 31(1): 121-124.

[118] Wakamura S, Arakaki N, Yamazawa H, et al. Identification of epoxyhen-icosadiene and novel diepoxy derivatives as sex pheromone components of the clear-winged tussock moth *Perina nuda*. Journal of Chemical Ecology, 2002, 28(3): 449-467.

[119] Waldner W. Three years of large-scale control of codling moth by mating disruption in the South Tyrol, Italy. IOBCW prsBull, 1997, 20: 35-44.

[120] Waldstein D E, Gut L J. Effects of rain and sunlight on oriental fruit moth (Lepidoptera: Tortricidae) pheromone microcapsules applied to apple foli-age. Journal of Agricultural Urban Entomology, 2004, 21(2): 117-128.

[121] Weissling T J, Knight A L. Vertical distribution of codling moth adults in pheromone-treated and untreated plots. Entomologia Experimentalis Et Applicata, 1995, 77(3): 271-275.

[122] Welter S C, Pickel C, Millar J, et al. Pheromone mating disruption offers selective management options for key pests. California Agriculture, 2015, 59(1): 16-22.

［123］Willis M A，Baker T C. Effects of intermittent and continuous pheromone stimulation on the flight behaviour of the oriental fruit moth，Grapholita molesta. Physiological Entomology，2010，9(3)：341-358.

［124］Witzgall P，Ansebo L，Yang Z H，et al. Effect of plant volatile compounds on codling moth oviposition behaviour. Chemoecology，2005，15 (2)：77-83

［125］Witzgall P，Bengtsson M，Rauscher S，et al. Identification of further sex pheromone synergists in the codling moth，*Cydia pomonella*. Entomologia Experimentalis Et Applicata，2001，101(2)：131-141.

［126］Witzgall P，Stelinski L，Gut L，et al. Codling moth management and chemical ecology. Annual Review of Entomology，2008，53：503-522.

［127］Woh H，Gailey D，Knapp J J. Host location by adult and larval codling moth and the potential for its disruption by the application of kairomones. Entomologia Experimentalis Et Applicata，2003，106(2)：147-153.

［128］Yana F，Bengtsson M，Makranczy G，et al. Roles of alpha-farnesene in the behaviors of codling moth females. Zeitschrift Fur Naturforschung C A Journal of Biosciences，2014，58(1-2)：113-118.

［129］Yang C Y，Jin K J，Han K S，et al. Sex pheromone composition and monitoring of the oriental fruit moth，*Grapholitha molesta* (Lepidoptera：Tortricidae) in Naju pear orchards. Journal of Asia-Pacific Entomology，2002，5(2)：201-207.

［130］Yang Z，Bengtsson M，Witzgall P，et al. Host plant volatiles synergize response to sex pheromone in codling moth，*Cydia pomonella*. Journal of Chemical Ecology，2004，30(3)：619-629.

［131］Yang Z，Casado D，Ioriatti C，et al. Pheromone pre-exposure and mating modulate codling moth (Lepidoptera：Tortricidae) response to host plant volatiles. Agricultural & Forest Entomology，2015，7(3)：231-236.

［132］阿地力·沙塔尔，陶万强，张新平，等. 5 种引诱剂田间诱捕苹果蠹蛾效果比较. 西北农业学报，2011，20(3)：203-206.

［133］陈汉杰，曹川建，雷银山，等. 不同剂型迷向剂处理对苹果蠹蛾控制效果比较. 生物安全学报，2015，24(4)：315-319.

［134］陈汉杰，邱同铎，张金勇. 用性信息素加农药诱杀器防治梨小食心虫的田间试验. 应用昆虫学报，1998，35(5)：280-282.

[135] 杜家纬.昆虫信息素及其应用.北京:中国林业出版社,1988.

[136] 杜磊,张润志,蒲崇建,等.两种苹果蠹蛾性引诱剂诱捕器诱捕效率比较及地面植被的影响.应用昆虫学报,2007,44(2):233-237.

[137] 郭晓军,肖达,王甦,等.大面积连片应用性迷向素对桃园梨小食心虫的防控效果.环境昆虫学报,2017,39(6):1242-1249.

[138] 何超,秦玉川,周天仓,等.应用性信息素迷向法防治梨小食心虫试验初报.西北农业学报,2008,17(5):107-109.

[139] 黄文芳,肖文静,王金红.Wittig 反应的研究——Ⅳ:苹果蠹蛾性信息素 (E,E)-8,10-十二碳二烯-1-醇的立体选择性的合成.有机化学,1986,(5):376-378.

[140] 李波,秦玉川,何亮,等.不同性诱芯与糖醋酒液防治梨小食心虫.植物保护学报,2008,35(3):285-286.

[141] 李久明,雍建平,于观平,等.梨小食心虫性信息素的廉价合成.农药,2008,47(7):500-501.

[142] 李苗,王亚红,韩魁魁,等.应用性信息素迷向技术防治桃园梨小食心虫的效果与分析.陕西农业科学,2016,62(7):43-45.

[143] 李逸,廖波,王瑞兴,等.寄主植物挥发物对梨小食心虫受孕雌虫的引诱作用初探.环境昆虫学报,2016,38(1):132-137.

[144] 刘中芳,庾琴,高越,等.梨园梨小食心虫性信息素迷向防治技术.中国生物防治学报,2016,32(2):155-160.

[145] 陆鹏飞,黄玲巧,王琛柱.梨小食心虫化学通信中的信息物质.昆虫学报,2010,53(12):1390-1403.

[146] 孟宪佐,胡菊华,魏康年,等.梨小食心虫性外激素不同诱芯对诱蛾活性及持效期的影响.昆虫学报,1981,(3):98-101.

[147] 孟宪佐,汪宜惠,叶孟贤.用性信息素诱捕法大面积防治梨小食心虫的田间试验.昆虫学报,1985,28(2):142-147.

[148] 帕尔哈提·吾吐克,张磊,主海峰,等.微胶囊迷向剂飞机防治梨小食心虫试验.防护林科技,2014,(6):11-14.

[149] 屈振刚,盛世蒙,王红托,等.梨小食心虫性诱剂 2 类诱芯的桃园田间诱蛾效果比较.河北农业科学,2010,14(2):30-31.

[150] 盛承发.性诱剂在害虫绿色防控中的应用.高科技与产业化,2012,8(3):59-61.

[151] 涂洪涛,张金勇,罗进仓,等.苹果蠹蛾性信息素缓释剂的控害效果.应用

昆虫学报，2012，49(1)：109-113.

[152] 韦卫，赵莉蔺，孙江华. 蛾类性信息素研究进展. 昆虫学报，2006，49(5)：850-858.

[153] 魏玉红，罗进仓，周昭旭，等. 信息素迷向技术防治苹果蠹蛾试验初报. 中国果树，2010，(3)：48-50.

[154] 我国昆虫不育技术发展战略研究项目组. 中国农业害虫绿色防控发展战略. 北京：科学出版社，2016.

[155] 徐生海，李平，王开新，等. 不同措施对苹果蠹蛾的控制效果评价. 中国果树，2017(4)：44-46.

[156] 徐妍，吴国林，吴学民，等. 梨小食心虫性信息素微囊化及释放特性. 农药学学报，2009，11(1)：65-71.

[157] 薛光华，严均，王文广，等. 性信息素监测和防治苹果蠹蛾的应用技术研究. 植物检疫，1995，9(4):198-203.

[158] 闫凤鸣. 化学生态学. 2版. 北京：科学出版社，2011.

[159] 于治军，李硕，张旭，等. 新疆伊犁地区苹果蠹蛾性信息素监测效果. 中国森林病虫，2016，35(5)：21-24.

[160] 余河水，臧冰，吴江，等. 苹果蠹蛾性信息素迷向防治的初步研究. 中国果树，1985，(1)：39-42.

[161] 翟小伟，刘万学，张桂芬，等. 苹果蠹蛾不同防治方法的控害效应比较. 植物保护学报，2010，37(6)：547-551.

[162] 翟小伟，刘万学，张桂芬，等. 苹果蠹蛾性信息素诱捕器田间诱捕效应影响因子. 应用生态学报，2010，21(3)：801-806.

[163] 张戈，张煜. 伊犁地区2种不同剂型苹果蠹蛾性信息素迷向剂防控效果研究. 现代农业科技，2017，(8)：111-112.

[164] 张国辉，黄敏，仵均祥，等. 迷向处理对梨小食心虫的防治效果. 山西农业大学学报(自然科学版)，2010，30(3)：232-234.

[165] 张箭，徐洁. 梨小食心虫等蛀果害虫地域分布及鉴定. 植物保护，2000，26(6)：40-41.

[166] 张磊，张俊，毕司进，等. 生态健康果园中梨小食心虫信息素迷向技术应用研究. 新疆林业，2012，(2)：12-14.

[167] 张涛，赵江华，冯俊涛，等. 苹果蠹蛾性信息素田间应用技术研究. 西北农林科技大学学报，2011，39(5)：167-171.

[168] 张文忠，张承胤，史贺奎，等. 梨小食心虫迷向丝在北京平谷地区桃园的应

用效果. 北方果树, 2015, (2): 9-10.

[169] 张学祖, 周绍来, 王庸俭. 苹果蠹蛾的初步研究. 昆虫学报, 1958, 8(2): 136-151.

[170] 张煜, 艾尼瓦尔·木沙, 阿力亚·阿不拉, 等. 新疆苹果蠹蛾性信息素迷向防控技术的示范应用. 中国植保导刊, 2014, 34(4): 66-68.

[171] 张煜, 马诗科, 李晶. 库尔勒香梨上苹果蠹蛾发生规律及其性信息素迷向防控效果. 生物安全学报, 2017, 26(1): 47-51.

[172] 赵博光, 杨秀莲, 柯立明. 性信息素加病毒诱芯技术的风洞试验. 林业科学, 1996, 32(2): 182-187.

[173] 赵利鼎, 李先伟, 李纪刚, 等. 不同诱源对梨小食心虫引诱效果的研究. 山西农业科学, 2010, 38(5): 51-54.

[174] 赵彤, 王得毓, 刘卫红, 等. 迷向防治技术对苹果蠹蛾的田间防治效果. 植物保护, 2017, (6): 207-212.

[175] 周洪旭, 李丽莉, 于毅. 信息素迷向法规模化防治梨小食心虫. 植物保护学报, 2011, 38(5): 385-389.

[176] 朱虹昱, 刘伟, 崔艮中, 等. 苹果蠹蛾迷向防治技术效果初报. 应用昆虫学报, 2012, 49(1): 121-129.